Arthur Parkinson

MEIN LEBEN MIT HÜHNERN

Arthur Parkinson

MEIN LEBEN MIT HÜHNERN

Über Federn, Freundschaft und die Freude am einfachen Leben

Aus dem Englischen von Karlheinz Dürr

KNESEBECK

Für meinen Dad, Nick Brown

INHALT

CHICKEN BOY

WENN MAN SELBST klein ist, bemerkt man andere kleine Dinge viel leichter. Ich bin noch im Krabbelalter, als ich zum ersten Mal einem Huhn begegne – wir sind ungefähr gleich groß. Die Henne hat winzige Wimpern, ein Gesicht wie Erdbeermarmelade, und ihre Stimme klingt wie ein Glucksen. Ich verspüre eine unbekümmerte Neugier und lächle fasziniert. Von diesem Augenblick an bin ich der »Chicken Boy«, der Junge mit den Hühnern: Ich liebe es, mit Hühnern zusammen zu sein. Eine plausible Erklärung habe ich dafür nicht, ich kann nur sagen, dass ich mich spontan zu Hühnern hingezogen fühle, was vielleicht mit ihrer Lebhaftigkeit und ihrer Energie zu tun hat. Ich habe meinen Stamm gefunden.

Jeden Tag kippte ich den Inhalt der Plastikkiste aus, in der wir die Tiere unseres Spielzeugbauernhofs aufbewahrten. Jedes Tier war etwas Besonderes, alle hatte Mum mir geschenkt. »Was hab ich wohl in der Hand?«, fragte sie mich oft. Ich tippte auf eine ihrer Hände, und als sie sie öffnete, fand ich darin eine weitere wunderbar bemalte Henne oder einen Gockel. Aus alten Kartons baute ich einfache Mini-Hühnerställe oder Scheunen, schnitt die Fenster aus und vergitterte sie mit Zwiebelnetzen.

Das Leben in unserem kleinen Häuschen war farbenfroh und voller Kreativität. Es gab ein tropisches Fischaquarium, in dem die Fächerschwanzguppies wie herumwirbelnde Seidenstückchen aussahen. Wände und Kommoden waren mit Découpage dekoriert – meistens mit aus Zeitschriften ausgeschnittenen Bildern. Den Vorgarten hatte Mum mit Blaukissen und anderen

Bodendeckern bepflanzt, sodass er im Frühjahr wie ein farbenprächtiger Perserteppich aussah.

ICH WUCHS IN HUCKNALL auf, wo meine Familie auch heute noch lebt. Hucknall ist eine mittelgroße Stadt in der Grafschaft Nottinghamshire und war früher eines der Bergbauzentren Englands. Es ist der Ort meiner Hühnerhof-Kindheit.

Meine Familie wurde durch das tägliche Beisammensein mit meinen Großeltern erweitert; sie wohnten nur ein paar Gehminuten von uns entfernt. Grandmar Sheila und Grandad Ted waren Mums Eltern. Dienstags musste Mum länger arbeiten; dann gingen ich und mein jüngerer Bruder Lyndon nach der Schule zu ihnen. An den Wochenenden waren wir oft bei Dads Mutter Min, die wir »Nannar Min« nannten.

Sheila war weichherzig, unendlich geduldig, mit viel Humor und stets mit einem freundlichen Lächeln im Gesicht. Sie und Grandad tanzten gerne und hatten unzählige Freunde – freitags mit ihnen auf den Markt zu gehen dauerte ewig, weil sie alle paar Meter Bekannten begegneten und mit ihnen plauderten. Im Supermarkt ließ uns Sheila wie zwei kleine Affen auf dem Einkaufswagen herumturnen. Sie liebte es, mit uns zu spielen, und an Ostern veranstaltete sie ein schier endloses Ostereiersuchen. Grandad Ted ging gern angeln, was auch gut war, weil er es nicht ertragen konnte, wenn Sheila mich und Lyndon mit ihren Spielen völlig überdrehte. Er sagte immer, wir würden zu viel »herumblödeln« und »die zwei kommen mir nicht mehr ins Haus!«, worauf Sheila stets entgegnete, »aber sicher!«

Nannar Min war ein eher stoischer Charakter, hatte aber einen wunderbaren Humor. Hingebungsvoll pflegte sie ihren heißgeliebten Garten und setzte uns für einfache Gartenarbeiten wie Heckenschneiden ein, statt uns herumtollen zu lassen. Aber sie belohnte unsere Arbeit immer mit frisch gebackenen Scones oder Plätzchen. Im Sommer war sie telefonisch praktisch nicht erreichbar – damals wurde über Festnetz telefoniert –, weil sie meistens auf ihrer Matte im Garten kniete, Giersch ausriss und vor sich hin sang. Auf den Kaffeefahrten für Rentner trug sie oft Kleider, die sie auf einem Flohmarkt der Heilsarmee gekauft hatte und die ihr wie angegossen passten. Sie sah darin großartig aus, mit ihrem unglaublich dicken Haarschopf und einem breiten Lächeln auf den Lippen, auf denen Lipgloss glänzte.

UM DIE ZEIT, als Lyndon und ich geboren wurden, waren die meisten Kohlebergwerke in Nottinghamshire längst stillgelegt worden. In Hucknall waren nur noch die alten Abraumhalden übrig geblieben, menschengemachte Hügel aus schwarzer Erde und blaugrauem Schiefergestein von der letzten Grube, die 1986 geschlossen worden war. Die Halden sahen damals so aus, als wären sie einer Art gigantischer Akupunkturbehandlung unterzogen worden, denn man hatte sie mit Tausenden Setzlingen bepflanzt, die mit Pflanzenschutzgittern aus Plastik gegen Kaninchen geschützt wurden. Die Halden wurden dann in einen Park umgewandelt, den man The Ranges nannte.

Rings um die unteren Hänge der Ranges lagen Schrebergärten, die an einen Fußweg namens »Black Pad« grenzten – ein oft schlammiger, unbefestigter Feldweg, auf dem uns Mum fast täglich zum Kindergarten brachte. Meistens summte sie Lieder aus dem *Dschungelbuch*-Soundtrack vor sich hin, während sie Lyndons Buggy den Weg entlangschob. Der Pfad wurde von uralten, charaktervollen Hecken gesäumt, vor allem Weißdornsträucher, deren Zweige sich so ineinander verflochten hatten, dass sie ein undurchdringliches Dickicht bildeten. Dazwischen kämpften sich Stechpalmen, Efeu und Geißblattsträucher durch, und oft streckten sich Brombeerranken wie gespenstische Finger über den Weg nach Lyndons Buggy aus – Mum hatte immer eine Gartenschere dabei, um die stachelige Belästigung in Schach zu halten. An manchen Stellen standen die Hecken auf beiden Seiten so hoch, dass sie sich zu einer tunnelartigen Laube vereinigt hatten.

Um die Osterzeit, wenn Vogelgezwitscher die Luft erfüllte, hielt Mum in den Hecken Ausschau nach Vogelnestern, bevor sie sich durch das dichter werdende Blätterwerk neugierigen Blicken entziehen konnten. Entdeckte sie ein Nest, hob sie uns hoch, wobei sie uns mahnte, leise zu sein und nichts anzufassen, damit wir in die wunderschönen schalenartigen Nester aus Lehm, Moos und Zweigen blicken konnten, in denen entweder gesprenkelte Eier oder blinde kleine Küken lagen, die fast nur aus Flaum und Haut bestanden. Einmal erschrak Lyndon heftig, als ein Brutgelege plötzlich aufwachte und mit wütendem Gezwitscher und weit aufgerissenen Schnäbeln nach Futter verlangte. »Ich will runter!«, befahl er. Die zauberhafteste Zeit war im Mai, wenn die Weißdornblüten wie sanfte Schneeflocken herabschwebten. Und im Spätsommer, wenn sich ein Blätterbaldachin über dem Weg gebildet hatte, wurde das Licht auf dem Weg selbst an sonnigen Nachmittagen düster und stimmungsvoll.

Im Laufe der Jahre hatten die Pächter der Kleingärten zwischen den Hecken starke Schutzzäune gegen Dachse und andere Eindringlinge errichtet. Sie nutzten dafür ein Sammelsurium von Schrottmaterialien – Kamingitter, rostige Wellblechreste und sogar alte Bettgestelle – und verbanden alles miteinander zu Zäunen. Das war die Grenze zu einer anderen Welt – und es war der Ort, an dem ich meine ersten Hühner kennenlernte.

GRANDMAR SHEILA und Grandad Ted kannten einen der Kleingärtner namens John, dessen Parzelle sich hinter einem wuchtigen, türkisfarbenen Tor befand. War er im Garten, stand das Tor einen Spaltbreit offen. Grandad war Maurer und beim Mauern von Ziegelsteinen besonders geschickt – er konnte mit nur einem Blick auf die Ziegelsteine den Zustand eines Gebäudes erkennen. Oft war er mit Abbrucharbeiten beschäftigt und hatte über die Jahre eine Menge alter Glastüren und Fenster gerettet, die noch ganz ordentliche Holzrahmen hatten. John baute sich daraus ein großes Gewächshaus. Wer eintreten wollte, musste erst einmal erraten, welche Tür man benutzen musste, weil die Wände dieses magischen Bruchhütten-Glaspalasts aus vielen Türen bestanden. John benutzte das Treibhaus allerdings als Lager für alles Mögliche – Teppiche, Stoffreste, Zeitungen, die sich zwischen Tomatensetzlingen und Saatkartoffeln stapelten. Dieses fast schon perfekte Szenario wurde durch einen kleinen Holzofen, einen Tisch mit bequemen Stühlen und Johns Collie-Hündin vervollständigt.

John war als Flüchtling nach England gekommen, nachdem ihn die Nazis als Zwangsarbeiter aus seinem Geburtsland Ukraine nach Italien verschleppt hatten. Mit 14 Jahren hatte man ihn von seinen Eltern getrennt, die er nie mehr wiedersah. Als er in einem Sommer auf einer Farm als Helfer bei der Erdbeerernte arbeitete, lernte er Gillian kennen. Sie nahm ihn am Ende der Erntesaison mit sich nach Nottingham. Ihre Eltern waren entsetzt, als sie den großen, sonnengebräunten, blonden jungen Fremden nach Hause mitbrachte – aber sie heirateten, und Hucknall wurde Johns neue Heimat.

Mehrere Vogelscheuchen hielten über Johns Gemüsebeeten Wache, jede stellte einen seiner Enkel dar und trug dessen Kleider, mit Stroh ausgestopft. John besaß eine fröhliche Schar Legehennen – mehrere Dutzende –, die er in einem großen, türkis gestrichenen Hühnerstall hielt. Neben dem Hühnerstall hatte John alte Badewannen aufgestellt, in denen er das Regenwasser auffing, weil es auf dem Kleingartengelände nur wenige Wasseranschlüsse gab.

Ich liebte es, in den Hühnerstall zu gehen – die Hennen liefen mir aufgeregt überall nach und pickten leicht auf meinen kleinen Stiefeln herum, aber sogar damals fiel mir auf, wie sehr sich diese Girls danach sehnten, auf die Wiese mit dem grünen Gras und dem Unkraut auf der anderen Seite des Maschendrahtzauns hinaus zu dürfen, der den Hühnerhof umgab. Ich weiß noch, wie eine Henne an mir vorbei durch das Tor hinausschlüpfte. John fing sie gleich wieder ein und legte sie mir auf

Pures Glück: die Warren-Hennen in Johns Kleingarten

den Arm, damit ich sie streicheln konnte. Mit ihren hell leuchtenden Augen starrte sie mich unverwandt an. Besonders die strahlenden Pupillen fielen mir auf. Meine Lieblingsbeschäftigung war es, die frisch gelegten, noch handwarmen Eier einzusammeln, jedes einzelne ein perfektes Kunstwerk. Die Hennen legten ihre Eier in alten Holzobstkisten, die John mit Stroh ausgelegt hatte, und die Schalen waren noch warm, wenn ich sie einsammelte und sie in die quadratischen Eierkartons packte.

John und Gillian wohnten in einem Reihenhaus ganz in der Nähe der Gartenparzellen und verkauften die Eier direkt von der Haustür aus. Hinter den Reihenhäusern lagen kleine Gärten, und wie in den Nachbargärten stand auch hinten in Johns und Gillians Garten ein alter Kohlenschuppen, massiv gemauert und mit Schieferdach, den John als Geräteschuppen nutzte. Ein weißes Kaninchen graste für gewöhnlich auf dem briefmarkengroßen Rasen. Eines Tages, als wir in den Garten kamen, entdeckte ich, dass sich zwei Seidenhühner mit dem Kaninchen angefreundet hatten – kleine runde Federbüschel, die ich sofort ins Herz schloss. Diese Hennen verhielten sich anders als die Legehennen. Sie waren nicht nur viel kleiner, sondern es schien ihnen auch nichts auszumachen, wenn man sie auf den Arm nahm – die flatterten und gackerten nicht ängstlich, sondern waren eher wie Teddybären. Die Seidenhühner schliefen direkt neben dem Kaninchen und schienen sich gut mit ihm zu vertragen. Der Rasen war der Schlüssel zu ihrem glücklichen Zusammenleben. Mir wurde das erst in jüngster Zeit klar, als ich versuchte, Zwerghühner in einem Garten zu halten, in dem es kein Gras gab – Hennen brauchten wirklich einen Rasen, auf dem sie herumpicken konnten, weil sie sich sonst langweilen und anfangen, auf allem herumzupicken, was ihnen vor die Schnäbel kommt.

NACH MEHREREN EINBRÜCHEN gab John schließlich seinen Kleingarten auf. Bei einem der Einbrüche wurden seine Hühner gestohlen. Ich weiß noch, wie ich John fragte, wo denn seine Hennen seien. Er schaute lächelnd auf mich herab, breitete die Arme aus und sagte: »Sie sind weggeflogen!« Noch Jahre später, wenn wir auf die Ranges gingen, blickten wir von oben auf Johns alten Kleingarten hinunter. Obwohl der kleine Garten mit jedem Jahr weiter verwilderte, glaube ich, dass sein türkisfarbener Hühnerstall noch immer da ist. Glücklicherweise sind die Schrebergärten bisher noch nicht Opfer der Projektentwickler für Wohnungsbau geworden, wie es bei Hunderten anderen Kleingärten allein in und um Hucknall der Fall war und mit denen auch die einzigartigen Charaktere verschwanden, die diese Gärten gepachtet und gepflegt hatten. Es ist furchtbar, all diese neuen Wohnviertel zu sehen, die keinerlei Zugang zu Grundstücken bieten, auf denen man eigene Nahrungsmittel anbauen kann – denn solche Kleingärten müssen in der Nähe der Wohnungen sein, wenn sie sinnvoll und erfolgreich genutzt werden sollen.

Schrebergärten, wie sie in Deutschland genannt werden, sind für mich mit einem Idealismus verbunden, der mich an die Behausungen und Gärten der Hobbits in Tolkiens *Herr der Ringe* erinnert – ein winziges Stückchen Erde, das man kultivieren und auf dem man Kleintiere halten kann. Noch heute genieße ich es, Kleingärten vom Zug aus zu sehen, weil sie oft an Bahnlinien grenzen. (Für Leute, die dort Hühner halten, ist das keine ideale Lage, weil die Gleise den Füchsen bequeme Zugangswege zu den Gärten bieten.) Ganz besonders mag ich Kleingärten, die nicht so penibel und stur gepflegt werden wie so viele Gärten vor und hinter den Wohnhäusern – Kleingärten, in denen ein gewisses Maß an romantischer Verwilderung herrscht und die deshalb einzigartig sind. Von der erhöhten Position im Zugabteil aus hat man den besten Blick auf die Hecken und die kreuz und quer verlaufenden Zäune, mit denen die Kleingärten voneinander abgegrenzt sind. Manche Gärten sind gut gepflegt und immer auf die derzeitige Wachstumsperiode vorbereitet, andere wurden vernachlässigt und von undurchdringlichen Dickichten aus Brombeersträuchern und Brennnesseln überwuchert, unter denen halb verfallene Gewächshäuser und baufällige Gartenschuppen verschwinden. Doch jeder einzelne Garten ist auf faszinierende Weise einzigartig.

Die Kleingartenanlagen am Stadtrand waren die erste wichtige Umgebung, in der mein Leben mit Hühnern den Anfang nahm. Und fast ebenso viel hatte ich der Begeisterung meiner Großeltern für Urlaub auf dem Land zu verdanken.

UNSERE VERSION VON Frühjahrs- und Sommerferien an Strand und Meer waren Wanderungen in Derbyshire. Tagelang wanderten wir durch den Peak District in Derbyshire, mit Picknicks und Paddelbootfahrten, vor allem in den sprudelnden, wilden Flüssen im Dovedale. Es war eines der vielen Täler des Nationalparks, die wir durch Sheila und Ted kennenlernten, die begeisterte Wandervögel waren, immer mit richtigen hölzernen Wanderstöcken unterwegs. In jüngeren Jahren waren sie oft mit einem Tandem von Hucknall nach Derbyshire geradelt. Später sauste Grandmar Sheila, eine hervorragende Fahrerin, mit uns auf der Autobahn M1 nach Norden, und in grade mal einer Stunde waren wir schon in den Ferien. Wir übernachteten im sogenannten Walking Club Bungalow, einer beliebten Holzhütte, die auf einem bewirtschafteten Bauernhof namens Birchwood stand. Morgens erschien manchmal eine frei laufende Jersey-Kuh vor dem Fenster, die ihren schönen, karamellfarbenen Körper an den Holzplanken der Hütte rieb.

Chatsworth House mit seinem riesigen Park zählt für mich zu den großartigsten und schönsten Teilen von Derbyshire. Für uns war es oft der Höhepunkt unserer Ferien, dort einen ganzen Tag zu verbringen. Das Landschloss wurde im 16. Jahrhundert gebaut; es liegt perfekt in die Tallandschaft eingebettet – wenn man das von einem Palast mit 175 Räumen überhaupt sagen kann, das von den breiten Schirmen uralter Bäume umgeben ist. Der berühmte Landschaftsgärtner Capability Brown schuf den riesigen Schlosspark mit seinen weiten Wiesen, auf denen Schafe, Kühe und Rehe grasen, in idealer Weise vervollkommnet durch die verstreut stehenden mächtigen Eichen und den Fluss Derwent, der sich am Schloss vorbeiwindet.

Das Wunderbare an der Kindheit ist, dass man keine Ahnung vom Rang und Status der Erwachsenen hat und nicht weiß, wer was ist. Kinder werden von ihrer Vorstellungskraft beherrscht.

Deborah, Herzogin von Devonshire, oder Debo, wie sie von Familie und Freunden gerufen wurde, sah ich zuerst auf einem Foto, das wahrscheinlich als berühmtestes Foto der Hühnerhaltung gilt. Aufgenommen wurde es von dem amerikanischen Modefotografen Bruce Weber. Es zeigt Debo in einem Abendkleid mit Umhang und ihrer ikonischen Perlenhalskette bei der Fütterung ihrer Hühner.

Das Foto war auf der Umschlagrückseite eines der wunderbaren Gartenbücher abgedruckt, die auf einem der unteren Regalbretter in Grandad Teds Bücherschrank standen. Dienstags saß ich oft nach der Schule still hinter der Couch und blätterte in den Büchern. Doch von diesem Foto war ich geradezu besessen. Ich besitze noch heute eine Kopie; sie hängt eingerahmt in meinem Haupthühnerstall, und wenn ich den Stall ausmiste, ist auch Debo da und beaufsichtigt die Arbeit. Damals hatte ich keine Ahnung, dass die Frau auf dem Foto die Herzogin von Devonshire war, verheiratet mit Andrew Cavendish, dem elften Herzog, und dass sie die jüngste der berühmten Mitford-Schwestern war – die so etwas wie die erste Version der Kardashians waren. Für mich war sie einfach nur eine schöne, faszinierende Hühnerkönigin.

Ich verliebte mich in Chatsworth, noch bevor ich irgendetwas über Debo wusste, weil es dort so viele Hühner zu sehen gab. Dad war an Geschichte interessiert und fuhr uns an den Wochenenden in der nahen und weiteren Umgebung zu den Häusern, die sich in der Obhut des National Trust befanden, der größten Organisation für Denkmal- und Naturschutz in England, Wales und Nordirland. Wohin wir auch kamen, immer suchte ich sofort nach Hühnern, vielleicht versteckt hinter irgendwelchen Schuppen oder in Gemüsegärten. Wenn es kein Federvieh gab, wurde mir schon nach kurzer Zeit langweilig. Chatsworth jedoch hatte mehr Hühner als jedes andere Anwesen, das ich je besucht hatte.

Sobald man auf dem Parkplatz von Chatsworth House aus dem Auto oder Bus stieg, eilten einem Hühner entgegen. Gegenüber der Hauptzufahrt befindet sich das achteckige Wildbrethaus, das etwas abseits in einer Bodensenke steht und vom Trubel des Besucherverkehrs abgeschirmt ist. In den Glanzzeiten des Gesellschaftslebens wurden hier nach den extravaganten Flugwildjagden bis zu viertausend Fasane aufgehängt. Diese Wildkammer steht noch heute im Schatten des grandiosen Herrenhauses, mit einem Zierstein über dem Eingang, in den eine Schlange eingemeißelt ist. Schon vor meinen Besuchen in meiner Kindheit hatte man das Wildhaus in einen Hühnerstall umgewidmet – in einen wahrhaft grandiosen Hühnerstall, in dem Hunderte Hühner ihre Eier legten und schliefen, ohne zu ahnen, dass sie ein denkmalgeschütztes Haus bewohnten! Um das Wildhaus herum befanden sich noch weitere Legehäuser, die zusammen die Eier lieferten, die im Hofladen von Chatsworth verkauft wurden.

Chatsworth hatte nicht nur einen Hofladen, sondern auch eine Farm mit sehr viel Vieh, und das ist auch heute noch der Fall. Das Gehöft war das Juwel in Debos Krone, als sie hier Herzogin war. Sie hatte die Farm 1973 hauptsächlich gegründet, um Kinder und Erwachsene, die das Anwesen besuchten, über Landwirtschaft und Viehhaltung zu informieren. Denn Debo hatte festgestellt, dass sogar die Lehrerinnen und Lehrer, die mit ihren Klassen Chatsworth besuchten, nicht einmal über ein Grundwissen darüber verfügten, wie auf dem Land die Nahrungsmittel produziert werden, die wir täglich essen. Aus einer Ansammlung von Schuppen und Hütten, die bisher als eine Art Schrottplatz für Landmaschinen gedient hatten, wurde nun ein echter Bauernhof, auf dem sowohl traditionelle als auch kommerzielle Nutztiere gehalten wurden. Für mich war jeder Besuch in Chatsworth, als wäre mein Spielzeug-Bauernhof, der zu Hause in Schachteln aufbewahrt wurde, mit echtem Leben gefüllt worden.

Die meisten der Hühner waren Warren, oder, wie Debo sie nannte, »Legemaschinen«. Die übrigen waren teilweise Light Sussex, Welsumer und Leghorn. Das feine Gefieder der Rassehühner brachte Abwechslung in die Schar brauner Warren-Hennen, und ihre kalkweißen oder terracottafarbenen Eier lockerten die Eintönigkeit der hellbraunen Eier in den Eierkartons im Hofladen auf. Alle Hühner durften frei herumlaufen und auf den Grasrändern entlang der Wege und rund um den großen Besucherparkplatz ihr Futter suchen. Unter Dutzende Hennen mischten sich auch ein paar Junghähne, die versuchten, sie zu einem eigenen Harem um sich zu scharen. Die Hühner nutzten gern den Schatten der Fahrzeuge und stromerten wie kleine, knopfäugige Banden zwischen den Picknicks der Besucher umher.

Die Türen des Wildbrethauses blieben geschlossen, die Glasscheiben waren schmutzig und dreckgesprenkelt vom ständigen Kommen und Gehen der Hennen durch ihre kleinen hölzernen Stallklappen.

Sobald wir in Chatsworth ankamen und Grandmar Sheila den Wagen geparkt hatte, lief ich voller Aufregung geradewegs zum Wildhaus und spähte durch die Stallklappen ins Innere. Die Hennen starrten mich aus ihren Nistkästen an und gackerten verärgert über diese Störung durch das kleine Kindergesicht. Einmal folgte mir Grandad Ted nach und fand mich, als ich gerade den Kopf durch die Stallklappe des Wildhauses streckte. »Was machst du denn da?«, fragte er. Dann schlug er mir vor, ich solle der Person schreiben, der die Hühner gehörten, und erklärte, dass es dieselbe Lady sei, die ich auf dem Foto in seinem Buch über Chatsworth House gesehen hätte.

Ich musste ungefähr sieben Jahre alt gewesen sein, als ich diesen ersten Brief schrieb. Wahrscheinlich war es überhaupt der erste Brief, den ich jemals geschrieben hatte, und ganz sicher der erste, den ich tatsächlich schreiben wollte. Ich konnte damals kaum richtig schreiben, deshalb kritzelte ich nur ein paar wackelige Zeilen und versuchte so gut es ging, ein paar Hühner zu zeichnen.

Ein paar Tage später fiel ein Brief durch den Briefschlitz in der Haustür, adressiert an mich als Arthur Parkinson Esq., dem englischen Höflichkeitstitel Esquire. Ich hatte noch nie einen richtigen, handgeschriebenen Brief erhalten. Es war aufregend. Von da an schrieb ich öfter an »Ihre Gnaden Deborah Devonshire, Herzogin von Devonshire«, und wir schrieben einander immer über unsere eigenen Hühner. Debo hatte schöne Fotos ihrer Hühner als Postkarten für die Souvenirshops und Läden im Schloss drucken lassen und benutzte immer eine dieser Karten, wenn sie mir schrieb. Sie schrieb stets in warmen, interessierten Worten, mit denen sie meine gerade aufblühende Leidenschaft für Geflügel bestärkte. Verblüfft erzählte Nannar meinem Dad: »Er hat dieser Herzogin schon wieder geschrieben, sie ist verrückt nach Hühnern, und weißt du was, sie nennen sie Debo und sie war eine von diesen Mitford-Schwestern, und oh, Nick, jetzt will er bestimmt noch mehr Hennen haben!«

Was mich faszinierte, war, wie Debo ihren Hühnern in einer so schönen und gleichzeitig öffentlichen Umgebung ein glückliches Leben ermöglichte. Sie hatte unendlich viel Freude an ihnen und wusste, wie sie andere Menschen für diese Tiere begeistern konnte. Mitunter nahm sie ihre Gäste, auch wenn diese Stadtschuhe trugen, mit ins Wildhaus, um mit ihnen die Hühner zu füttern und die Eier einzusammeln – was ihre Enkel als »The Granny Show« bezeichneten.

Für Debo waren Eier ein Geschenk an die Menschen. Im eigenen Hühnerhof gelegte Eier geben die schönsten Geschenke für Menschen ab, die keine eigenen Hühner halten – und man muss sich nie mehr um teure Seifen oder Kerzen als Geschenke kümmern. Lucian Freud war von einem Gelege so angetan, dass er es malte (»Four Eggs on a Plate«, 2002). Margaret Thatcher hingegen warf bei einem Besuch im Capel Manor College einen derart angewiderten Blick auf die Geschenkpackung mit Debos besten Welsumer-Eiern, dass die Herzogin befürchtete, die Premierministerin würde die Packung aus dem Autofenster werfen, sobald sie außer Sichtweite war!

Die vielleicht berühmtesten der herzoglichen Hühner waren die gelbbraunen Cochins, denen sogar in den formellen Gärten des Schlossparks exklusiver Freilandauslauf zugestanden wurde. Die Hennen ließen sich durch die Besucherströme nicht aus der Ruhe bringen, und weil sie es hassten, wenn ihre gefiederten »Hosenbeine« nass wurden, blieben sie meistens brav auf den gemähten Rasenflächen und suchten Schutz unter den breiten Ästen der Eiben, die um den Hühnerstall standen.

So gut benahmen sich die Cochins in den Gärten, dass Debo sogar versuchte, sie zusammen mit ein paar Gloucester Old Spot-Ferkeln bei einem prächtigen Dinner im großen Familienspeisesaal als Ersatz für die Blumenarrangements einzusetzen. Ein vertrauenswürdiger Junghahn und zwei seiner Hennen schmiegten sich aneinander, als würden sie bei einer Geflügelshow präsentiert. Auf dem langen Esstisch standen hübsche kleine Plexiglaskästen, die man eigens für diesen Zweck hatte anfertigen lassen, frisch geschlüpfte Küken in Porzellankörben wurden von darüber hängenden Lampen gewärmt. Die Ferkel schliefen zuerst noch auf einer großen, mit Stroh bedeckten Platte, aber dann wachten sie auf und begannen laut zu quieken. Andrew rief Debo vom anderen Ende der langen Tafel aus zu, dass das alles nun wirklich zu weit gehe, und bat Henry, den Butler, die Tiere vom Tisch zu entfernen. Aber Debo klingelte gelassen nach ihrem geliebten Bauernhof-Team, das sie klugerweise in Bereitschaft gehalten hatte, und das nun in ihren professionellen königlichroten Livreen sofort eintrat und die Tiere entfernte.

Ihre Gnaden Deborah Devonshire, Herzogin von Devonshire

ALS MEINEN ELTERN klar wurde, dass ich mein Hobby, die Hühnerhaltung, nicht so bald aufgeben würde, vereinbarten sie mit Nannar Min, dass ich in ihrem Garten ein paar Hühner halten dürfe. Das war ideal, denn in ihrem Garten gab es genug Gras und Obstbäume, sodass sich die Tiere wohlfühlen konnten. Und damit stellte sich eine neue Aufgabe: der Bau eines Hühnerstalls.

Mein Dad Nick spielt bei dieser Geschichte der Hühnerhaltung eine zentrale Rolle. Er baute sämtliche Hühnerställe in meiner Kindheit, baute sie um, reparierte sie und verlor bei alledem nie die Geduld. Er baute mir sogar ein Brutgerät mit einem professionellen Dimmerschalter.

Mein erster Hühnerstall war eine Arche. Diese Konstruktionsart wurde in einer Zeit entwickelt, in der Hühner oft auf den Viehweiden gehalten wurden, weil die Schafe nicht über die Dreiecksform springen konnten. Mein Vater ist im Umgang mit Holz ein wahrer Meister, mit riesigem Wissen der Eigenschaften und Arten von Holz. Die Hühnerarche zimmerte er aus altem Eichenholz. Ich schaute zu, wie er die Grundstruktur konstruierte. Zuerst kamen die beiden massiven Endteile. Dann nahm der Rahmen allmählich Form an, sodass es wie ein Walgerippe aussah; in der Mitte setzte Dad starke Vierkanthölzer als Querstreben ein. Wir diskutierten über die Hühnersitzstange, und Nannar Min meinte, »Oh, Nick, vergiss die Sitzstange nicht!« Meine Aufgabe war, die Nägel aus den alten Brettern zu ziehen, aber ich scheiterte kläglich.

Bald war die Arche bezugsfertig. Vor 20 Jahren konnte man nicht einfach online nach Anzeigen suchen. Jedes Wochenende blätterte Dad das lokale Anzeigenblatt durch, in dem praktisch alles zu finden war. Zuerst schaute er die Möbelanzeigen an, dann durfte ich die Anzeigen in der Geflügelsektion durchschauen und meine Wünsche vorbringen. Es gab aufregende Angebote – etwa eine gelbe Seidenhuhn-Henne mit sieben Wochen alten Küken oder ein paar Welsumer-Junghühner. Die Anzeigen sorgten dafür, dass mich mein Vater geduldig unzählige Male über die Landstraßen zu irgendwelchen Geflügelverkäufen fuhr, selbst in den frühen Morgenstunden, auf der Suche nach Liebhabern, die begehrte seltene und reinrassige Hühner zu verkaufen hatten.

Dad mit meinem Bruder Lyndon beim Bau des ersten von vielen Hühnerställen

Die ersten Hühner, die wir bekamen, stammten jedoch von Dads Freunden Tony und Anne. Sie hatten einen Kleinbauernhof in Selston, auf dem sie ein wahres Gesindel von ständig wechselndem Federvieh hielten: riesige, hässliche weiße Truthennen, unglücklich dreinschauende Sussex-Masthühner, deren Farbe an schmutzige Babywindeln erinnerte, und ganze Trupps von völlig durchgeknallten Perlhühnern, die ständig vor lauter Schreien zu zittern schienen und wie irre überall herumrannten.

Aber in all dem Chaos gab es immer auch ein paar schöne Hennen, über die grimmig dreinblickende Kampfhähne mit langen, fiesen Beinen, starken Körpern und hartem Gefieder wachten, die ständig auf einen Kampf aus waren.

Tony führte uns in einen großen Stall voller Warren – Legehennen, die für die Eierindustrie gezüchtet worden waren. Alle sahen hübsch aus und gackerten fröhlich herum, genau wie die Hühner, die John auf seiner Wiese hielt, und auch wie die Hühner, die auf dem Parkplatz von Chatsworth herumliefen. Ich glaube, sie stammten alle von einer großen Junghennenaufzucht, waren daher nicht daran gewöhnt, im Freien gehalten zu werden und besaßen auch keinerlei Persönlichkeit – sie waren einfach nur eine Ansammlung brauner oder orangefarbener Körper, rot gesprenkelt und mit gerade erst wachsenden Kämmen.

Wir kehrten mit zwei rotbraunen Hennen (die nun aber in meinen Augen ganz eigene Persönlichkeiten waren) nach Hucknall zurück. Im Auto benahmen sie sich recht artig, saßen still in dem Bananenkarton, den wir in Tante Ros' Obstladen besorgt und mit einem großen Tuch abgedeckt hatten – Hennen fühlen sich im Dunkeln wohler. Wie immer ließ Dad Bob Dylan in voller Lautstärke dröhnen und hatte die Fenster voll heruntergedreht, weil Lyndon und ich einen Schweinestall erforscht hatten und der dicke, stinkende Schlamm zäh wie Sirup an unseren Stiefeln klebte.

Am Nachmittag setzten wir die verwirrten Hennen in ihre nagelneue Arche, in der alles für ihre Ankunft vorbereitet war. Die Arche stand stolz ganz hinten in Mins Garten unter einem großen Apfelbaum, und eine der Hennen legte prompt schon eine Stunde nach Ankunft das erste Ei.

Man kann viel von den ersten Hennen lernen, all die kleinen Dinge, die einem helfen, die nächste Schar besser und sachkundiger halten zu können. Dad hatte für jede meiner zwei Hennen einen separaten Ruheplatz an den beiden Enden des Hühnerhofs angelegt, aber sie entschlossen sich instinktiv, zusammen zu schlafen, weil sie sich im Dunkeln nahe beieinander wohler fühlten. Auf die unglaubliche Menge an Kot waren wir nicht vorbereitet, auch nicht darauf, wie schnell sie ihn produzierten. In kürzester Zeit ruinierten die Hennen die Grasnarbe im Gehege, und ihre Fußabdrücke vernarbten allmählich auch den Rasen – in keinem Buch über Hühnerhaltung hatte man davor gewarnt. Die stabil gebaute Arche war so schwer, dass sie sich nur durch zwei Erwachsene versetzen ließ, und kaum stand sie an einer anderen Stelle, als die Hennen auch schon nach mehr Grün verlangten. Wie Schafen auf der Weide kommt auch den Hennen das Gras auf der anderen Seite des Zauns grüner vor.

Wenn wir die Hennen hinausließen, wagten sie sich gern unter der Hecke hindurch in den etwas verwilderten Garten unseres Nachbarn Ernie und verschwanden zwischen den hüfthohen Brennnesseln. Aber mehr als alles andere liebten sie es, Nannar in ihren gepflegten Gemüsegarten zu folgen. Die feine, lockere Erde, die ständig gerecht wurde, eignete sich perfekt für ihre genüsslichen Staubbäder, noch dazu mit dem wunderbaren Friss-soviel-du-kannst-Angebot zart sprießender, köstlicher Blätter. »Oh, diese verfluchten Hennen, Nick! Arthur lässt sie immer raus, und sie fressen alles weg, die lausigen Viecher!«

Am Anfang fütterten wir die Hennen mit *Layers Mash*, ein loses, grobkörnig gemahlenes Legehennenfutter, das gebräuchlicher und billiger war als feste Pellets. Ich weiß noch, wie umständlich das war. Wir mischten es mit Wasser, wodurch ein körniger Brei entstand, der wie Porridge aussah, weil es sonst vom Wind überall verstreut worden wäre. Wir mussten meilenweit fahren, um eine sehr große Packung des Futters zu kaufen, weil keine der Tierhandlungen in der Umgebung Geflügelfutter führte. Man wurde ohnehin schräg angeschaut, wenn man nach etwas anderem als den Getreidemischungen fragte, die in kleinen Packungen für Tauben verkauft wurden. Heute weiß

Eine meiner ersten zwei Hennen, eine Warren: ständig gehätschelt und meistens ein wenig verwirrt

ich, dass gemahlenes Legehennenfutter tatsächlich trocken verfüttert werden sollte und dass es hauptsächlich an Batteriehühner verfüttert wird, weil sie viel mehr picken müssen und mit dem fast grobkörnigen Pulver viel länger beschäftigt sind als mit Pellets. Unser feuchter Brei verklebte ihre Schnäbel, sodass ihr Trinkwasser ständig verschmutzt war.

Wir kauften auch einen großen Ballen Stroh, mit dem ich ebenfalls ein Chaos anrichtete, weil ich es jedes Mal, wenn ich den Hühnerstall ausmistete, in der ganzen Garage verstreute. Und weil das Stroh nicht klein geschnitten war, nutzte es auch nicht viel, um den Kot der Hennen aufzunehmen – der Hühnermist verklumpte sich mit dem Stroh, und die Hennen schabten das meiste davon durch ihre Hühnerklappe in den Hühnerhof hinein, wodurch die Grasnarbe noch mehr beschädigt wurde.

Dad baute auch ein Legenest mit Abrollsystem, das sich als wunderbare Ergänzung der Arche erwies. Es handelte sich um eine kleine Kiste, deren Boden leicht nach vorn geneigt war, sodass die gelegten Eier in eine schmale, balkonartige Kammer rollten, wo man sie leichter einsammeln konnte. Vermutlich hatten sich die Hennen in Tonys Stall die schlimme Angewohnheit zugelegt, ab und zu ein Ei zu fressen. Das wurde nun durch Dads geniale Abrollkammer verhindert, weil sie jetzt nicht mehr an die gelegten Eier herankamen.

Die Plastik-Wassertränke trieb mich schier in den Wahnsinn. Ich konnte sie nicht auffüllen, ohne dass sie überlief und meine Hosen und Schuhe nass machte. Das war nicht sehr hilfreich, wenn ich vor der Schule noch die Hühner versorgen musste. Das beste Geschenk, das mir Dad jemals machte, war eine clevere galvanisierte Geflügeltränke, die er bei einer Landwirtschaftsschau gekauft hatte. Sie war recht massiv, sodass die Hennen sie nicht umstoßen konnten, und ließ sich leicht auffüllen. Heute benutze ich Tränken aus Metall in unterschiedlichen Größen und keine aus Plastik.

Durch all diese Erfahrungen verschafften mir die beiden rotbraunen Hennen einen Crashkurs in praktischer Hühnerhaltung. Es waren sehr brave Hennen, die nichts dagegen hatten, auf den Arm genommen und herumgetragen zu werden, und sie legten auch ziemlich gut.

MEINE GENERATION WAR vermutlich die letzte, die ohne Handys und soziale Medien aufgewachsen war, was ich heute wirklich zu schätzen weiß. In meiner Grundschulzeit stand ein düsterer Kubus, einer der frühen Personal Computer, in einer Ecke herum, aber Computer waren damals für unsere Denkweise und unser Verhalten nicht so wichtig, wie es heute der Fall ist. Bücher dagegen waren wichtig, und statt SMS, WhatsApp und E-Mail schrieb man viel von Hand.

Jeden Morgen fuhr Dad in seinem roten Volvo zur Arbeit – er reparierte und restaurierte alte oder antike Möbel und war daher viel unterwegs. Wir schoben oft einen Stuhl an das Fenster an der Straßenseite und winkten ihm aufgeregt zum Abschied zu; danach half uns Mum, unsere Schuluniformen anzuziehen und brachte mich und Lyndon zu Fuß zur Spring Street Schule. Wenn es regnete, spornte sie uns mit unserem Mantra an, schneller zu gehen: »Was machen Autos?«, und wir antworteten: »Dicke Kinder!«

Eine meiner ersten Lehrerinnen war Mrs Burnett. Sie konnte recht streng sein und sah dann aus wie eine zornige Rhodeländer-Henne. Das jedoch war durchaus verständlich, weil ein gutes halbes Dutzend der über 30 Kinder in meiner Klasse schwere Verhaltensstörungen zeigten: Sie bissen andere Kinder, büxten oft aus, und es geschah nicht selten, dass manche ihre Wut an den Schulmöbeln ausließen. Jede Unterrichtsstunde war wie eine ganze Gebirgskette von brodelnden Vulkanen, die jederzeit ausbrechen konnten.

Ich merkte schon bald, dass Kinder, die sich wie Zirkustiere aufführten, viel mehr Aufmerksamkeit bekamen als ich, wenn ich still dasaß, weshalb ich anfing, sie papageienhaft nachzuahmen. Wurde ich ermahnt, grinste ich frech und bekam damit nur noch mehr Probleme, oder ich lachte als Einziger laut über das schlechte Benehmen der anderen. Die Folge war, dass ich sehr oft aus dem Klassenzimmer verwiesen wurde. Die Rektoren kamen und gingen, aber eine unerschütterliche Rektorin, Mrs Day, trat wie eine Polizeichefin auf. Sie schaffte es, die unbändigste Toberei auf dem Spielplatz mit einem einzigen gebellten Befehl zu beruhigen. Man wollte auf keinen Fall aus dem Klassenzimmer gewiesen werden, solange Mrs Day die Flure patrouillierte! Ich weiß noch, wie sie mich auf einer ihrer Flurrunden zurechtwies, wobei ich mir unter ihrem strengen Blick wie ein eintägiges Küken vorkam: »Ich hatte auch schon deinen Vater in der Klasse, diesen Nick Brown, und der war eine echte Nervensäge! Und jetzt stell dich mit dem Gesicht zur Wand, damit ich dich nicht anschauen muss!« Ich muss aber zugeben, dass sie eigentlich ein fabelhafter Mensch war.

All diese Störungen verzögerten meine Leseentwicklung. Dagegen wirkte sich mein Interesse an Hühnern förderlich auf mein Lesenlernen aus. Tom, der Freund meiner Eltern, hatte mir ein paar seiner alten Bücher über Hühnerhaltung gegeben. Eines, das ich besonders gern hätte lesen wollen, war *The Backyard Poultry Book* (etwa: Hühnerhaltung im Hinterhof). Es war ein Taschenbuch, und der Pappeinband löste sich rasch auf, weil ich das Buch jeden Tag durchblätterte und verzweifelt versuchte, die winzige Druckschrift zu lesen. Mehrere Male musste Mum es mit Tesafilm sorgfältig zusammenkleben, und noch heute halte ich dieses Buch in Ehren – es ist wirklich ein hervorragendes Lehrbuch.

Einmal wöchentlich marschierte Mrs Burnett mit meiner Klasse die Straße hinunter zur Stadtbücherei, die am Marktplatz lag. Ich glaube nicht, dass sich die Bibliothekarinnen über unsere Besuche groß freuten – wir fielen mit unserem Gejohle und unseren Rangeleien in die Bücherei ein und schwenkten unsere kleinen roten Schulhefte in der Luft –, aber ich bin sehr froh, dass wir in die Bibliothek geführt wurden. Mir gefielen vor allem die bebilderten Sachbücher, besonders eines mit guten Fotografien, die den ganzen Prozess zeigten, das Ausbrüten des Hühnereies, die Verwandlung des Embryos in ein Küken, das Schlüpfen des Kükens unter einer Zwerghenne, und schließlich, wie das Küken zu einem Junghahn heranwuchs.

Bald wollte ich noch weitere Lehr- und Praxisbücher über die Hühnerhaltung ausleihen und lesen können, die in der Kinderbuchabteilung der Bücherei nicht zu finden waren. Die Szene mit der Bibliothekarin der Mobilen Bücherei aus dem Film *Billy Elliot* kommt mir sehr vertraut vor: »Warum schaust du dir diese Bücher an? Mit dem Kinderausweis kannst du sie nicht ausleihen.«

Ich fragte Dad, ob wir ein Video über Hühnerhaltung ausleihen könnten, das ich in der Bücherei entdeckt hatte – auf der Kassette war eine weiße Seidenhuhn-Henne beim Ausbrüten ihrer Eier abgebildet; das Video war im Domestic Fowl Trust in Honeysbourne, Worcestershire, gedreht worden, wo eine großartige Sammlung von reinrassigem Geflügel in wunderbaren Grasgehegen gehalten wurde. Das Video von Victoria Roberts trug den Titel *Poultry at Home*, und Victorias tiefe, sachliche Stimme dröhnte durch unser Haus: »Diese Henne mit ihrem wunderschönen hellroten Kamm sieht aus, als würde sie bald legen, aber das kann man nur anhand ihrer Beckenknochen mit Sicherheit sagen – wenn ich drei Finger zwischen sie schieben kann, zeigt mir das, dass sie tatsächlich legen wird. Wenn der Abstand nur zwei oder gar einen Finger breit ist, wird sie nicht legen, weil das Ei die Beckenknochen auseinanderschieben würde …« Der Text des Videos wurde so etwas wie meine Wochenendpredigt.

Ich spielte das Video so oft ab, dass ich denke, meine Mutter musste fast so viel über das Was und Wie der Hühnerhaltung gelernt haben wie ich. Ich schaute den Film an und schaute in die Bücher, und bald konnte ich das gesprochene Wort mit dem ge-

Mit zwölf Jahren fand ich ein paar Hennen im Lake District

druckten verbinden. Die Bezeichnungen der Krankheiten waren das Beste daran, zum Beispiel *Kokzidiose*. Und ganz allmählich fügte sich alles ineinander.

Als ich dann eines Tages in der Schule laut aus einem Buch vorlas, war Mrs Burnett so verblüfft, dass sie mich voller Freude spontan umarmte und förmlich brüllte: »Wir haben es geknackt!«

Aber ich las nicht nur über Hühner, ich zeichnete sie auch ständig, endlose Kritzeleien von bumerangähnlichen Körpern mit großen Kronen als Kämme, Dreiecken als Schnäbel und dünnen Strichbeinen. Es dauerte lange, bis sich mein eigener Stil entwickelte, den ich auch heute noch pflege, und bei dem Schnäbel und Füße nur mit wenigen Linien angedeutet werden, während der Fokus auf Gesicht, Haltung und Federkleid liegt. Ich wollte sie genauso zeichnen, wie sie auf den Fotos zu sehen waren, von denen ich sie abmalte, und wurde richtig wütend, wenn es mir nicht gelang.

Meine Klassenkameraden nannten mich »Chicken Boy« – Hühnerjunge –, und der Spitzname blieb an mir haften, zumal ich auch das Gackern gut nachahmen konnte. Unser Spielplatz war kahl und grau, wie eine übervölkerte Geflügelweide. Er hatte einen harten, unangenehmen Betonbelag, auf dem man sich die Knie blutig schlug, wenn man hinfiel, oder, was wahrscheinlicher war, umgestoßen wurde. »Verpiss dich, Chicken Boy!« Es war eine Mischung von Verrücktheit und Rauheit; wir rangelten ebenso oft miteinander, wie wir miteinander spielten.

WIR ZOGEN UM – von Mums Cottage in eine alte Doppelhaushälfte am anderen Ende der Stadt. Dad machte sich daran, das Haus zu renovieren. Ich erinnere mich an den halb fertigen Küchenausbau und daran, dass Lyndon voll in die Rolle von *Bob der Baumeister* geschlüpft war und ständig mit einem gelben Plastikschutzhelm hinter Dad herlief, der versuchte, die Fehler wieder in Ordnung zu bringen, die unfähige Handwerker hin-

Unsere gesperberten Marans während der Bauarbeiten

terlassen hatten. Dads bester Kommentar, als er den misslungenen Versuch einer Backsteinmauer betrachtete, war: »Sieht so aus, als wäre er total sauer gewesen und hätte versucht, alles mit dem Pimmel wegzuwischen.« Dad nahm den Vorschlaghammer und riss die Mauer nieder. Die Hennen flohen in alle Richtungen. Ich glaube, Mum machte an diesem Nachmittag mit uns einen Ausflug auf die Ranges, um dem Chaos zu entfliehen. Es war eine seltsame Zeit; die Rangordnung in unserer Familie brach allmählich zusammen. Mum ließ oft Kate-Bush-Songs laufen; mir gefielen die Texte, besonders der Song »Coral Room« und »This Woman's Work«. Und meine Hennen liefen auf Zehenspitzen überall in den halbfertigen Bauarbeiten herum.

Wie eine Henne, bei der nach der Mauser neue Federn nachwachsen, nahm auch der Umbau irgendwann ein glückliches Ende. Es entstanden neue Beziehungen. Grandad Teds Maurerarbeiten bewahrten uns davor, in den Abgrund der Baugrube an der Hintertür zu fallen; er baute uns dort eine wunderschöne erhöhte Terrasse. Für eine Weile blieben die Außenmauern im unverputzten Zustand, dafür sah aber der Garten hübsch und gepflegt aus.

IN DER WOCHE, in der sich meine Eltern trennten, machte Mum mit mir einen Ausflug nach Chatsworth. Ich hatte keine Ahnung, dass wir bei diesem Besuch Debo kennenlernen würden – es war eine Überraschung, die Mum durch einen Briefwechsel mit Helen Marchant, der Sekretärin der Herzogin, arrangiert hatte.

Wie immer, wenn wir mit Mum unterwegs waren, nahmen wir erst den Zug, dann den Bus. Der Zug fährt auf der Derwent-Valley-Bahnstrecke durch das teilweise bewaldete Tal nach Matlock; vom Bahnhof geht es mit dem robusten Bus Nummer 217 weiter, der allerdings einem eigenwilligen Fahrplan folgt, der nicht mit den Ankunftszeiten der Züge übereinstimmt. Es war ein wunderbarer Herbsttag, bis es dann plötzlich heftig zu regnen anfing. Wir suchten Schutz unter den Bäumen, doch dann tauchte aus dem Regen plötzlich ein Land Rover auf. Ein Fenster wurde heruntergekurbelt und eine Stimme, die ich von den Interviews kannte, rief: »Kommt, schnell, schnell!« Mum und ich stiegen hastig ein, patschnass und mit den Einkaufstaschen mit den Sachen, die wir im Geschenkeladen gekauft hatten. Auf dem Fahrersitz saß Debo persönlich, die sofort wissen wollte, was wir im Schlossladen gekauft hatten – sie wusste über alle Waren genauestens Bescheid.

Als der Regen nachließ, wagten wir uns hinaus. Debo hatte ihren berühmten Weidekorb am Arm, in dem sie die Eier sammelte. Sie bat mich, den Schirm zu halten, während sie die verdreckten Doppeltüren der Wildkammer aufschloss. Ihre »Girls« vom Parkplatz waren richtig aufgeregt – sie wussten genau, was es bedeutete, wenn ein Land Rover vor ihrem Zuhause parkte: die Nachmittagsfütterung mit gemischtem Getreide und Resten vom Esstisch! Die Türen gingen auf, und wir traten ein. Debo schob mit dem Stiefel die Hobelspäne auf dem Boden beiseite. »Schau hier, das Mosaik! Ist es nicht wunderschön?« Die Hinterlassenschaften der Hühner und der Einstreu bedeckten einen kostbaren Boden, der aus Tausenden winziger farbiger Mosaiksteinchen bestand. Wir sammelten die Eier aus den Nistkästen, die in niedrigen Reihen entlang der Wände des achteckigen Gebäudes aufgestellt waren. Debo deutete auf eine schwarze Henne mitten unter all den lebhaften braunen Warren- und den eher schüchternen Welsumer-Hühnern: Die schwarze Henne sei ihr seltsamerweise von irgendwo zugelaufen, sagte sie. Sie erklärte mir auch, dass die Leute weiße Leghorn-Hennen für hässlich hielten, während sie sich mauserten, weil mit den ausfallenden Federn ihre sehr rote Haut und winzigen Körper deutlicher zu sehen seien.

Besonders deutlich erinnere ich mich, wie Debo beim Abschied Mums Hände ergriff, sagte, »Oh, Ihre Hände sind so kalt!«, und ihr ein paar Eier schenkte. Ich glaube, sie spürte, dass Mum gerade eine schwere Zeit durchmachte.

Als ich mit elf Jahren von der Grundschule abging, schickte mir Debo ein Exemplar des Bildbands *Extraordinary Chickens* als Geschenk. Es ist bis heute einer meiner größten Schätze.

»WO IST ARTHUR? Schon wieder bei diesen Hühnern! Du wirst dich bald selbst in ein verdammtes Huhn verwandeln!« Das waren Sätze, die wie ein Echo durch meine Kindheit hallten. Als ich heranwuchs, bemerkte ich, dass ich immer öfter ins Leere starrte und mich nur danach sehnte, wieder in meiner eigenen kleinen Hühnerwelt zu sein. Ich verkroch mich in die Arche und hockte bei meinen Hennen. Sie gingen ihren Geschäften nach, ohne sich von dem verkrümmt dasitzenden Jungen stören zu lassen, und so verharrte ich stundenlang, bis mich Nannar Min irgendwann aufspürte. Sie hob die Türklappe an, sodass ein Lichtstrahl hereinfiel. »Ah, da bist du ja. Was sitzt du wieder bei diesen armen Viechern? Oh, mein Junge, komm raus, und schau dir nur wieder deine Hose an, ts-ts-ts!« Inzwischen verbrachte ich die meisten Wochenenden bei ihr. Gemeinsam arbeiteten wir im Garten und wurden sehr vertraut miteinander. Min und auch Grandmar Sheila brachten mich häufiger zum Lachen als alle anderen.

Dads Mutter, Nannar Min, hatte mit ihrem Mann, meinem Großvater Cyril, erleben müssen, dass in der Familie eine gewisse Anfälligkeit für Depressionen vorhanden war. Großvater Cyril hatte an einer bipolaren Störung gelitten, einer psychischen Erkrankung, die durch extreme Stimmungsschwankungen gekennzeichnet ist. Er starb, als ich drei Jahre alt war. Cyril war aus dem Zweiten Weltkrieg mit Kriegszittern und eben dieser Störung zurückgekehrt, die von den Ärzten mit einer wahrhaft herzzerreißenden Methode – Elektroschocks – behandelt wurde. Min hatte sie angefleht, davon abzusehen, aber man hatte ihr klargemacht, dass sich Cyril entweder der verschriebenen Behandlung unterziehen oder das Krankenhaus verlassen müsse.

Ich glaube, er fand Trost in der Gartenarbeit, und er liebte Pferdewetten. Wenn er sich gut fühlte, sah man ihn mit Gummimasken aus der Satiresendung *Spitting Image* durch die Stadt fahren. Wenn das seine besseren Tage waren, kann man sich unschwer vorstellen, wie seine schlechten Tage für ihn gewesen sein mussten. Mins Sternzeichen ist, wie meine Tante Roslin oft sagt, der starke Stier, aber ich erinnere mich noch deutlich, wie sie voller Angst meine Hand drückte, wenn wir eine Straße überqueren mussten.

EINE HÜHNERSCHAR IM HINTERHOF

DIE IM FOLGENDEN beschriebenen Hühnerzüchtungen sind beliebt, weil sie ruhig und leicht verfügbar sind und in städtischen und ländlichen Umgebungen gut gehalten werden können. Für Anfänger sind sie ideal. Die Hühner werden recht schnell so zutraulich, dass sie gestreichelt und auch von Kindern auf den Arm genommen werden können, und sie sind gute Legehennen, sodass immer Eier im Legenest auf einen warten.

In diesem Abschnitt werden auch Warren beschrieben, Hybridhühner, die millionenfach als Legehennen für die kommerzielle Eierproduktion ausgebrütet werden. Man kann sie das ganze Jahr über als circa 18 Wochen alte Junghennen zu guten Preisen kaufen. In diesem Alter erreichen sie die Legereife. Tiere aus einem guten Zuchtbetrieb sind in der Regel bereits gegen eine Vielzahl von ekelhaften Sachen geimpft; umsichtige Lieferanten werden die Vögel auch gegen eine Atemwegserkrankung namens *Mycoplasma gallisepticum* schützen.

Es gibt einem ein gutes Gefühl, aus der Käfighaltung geretteten Hühnern einen netten Lebensabend zu ermöglichen. Man sollte sich dabei jedoch darüber klar sein, dass diese Hennen oftmals alles andere als brav sind, während sie eine neue Hackordnung unter sich ausmachen. Doch wahrscheinlich wurde ihnen schon im Brutbetrieb die Schnabelspitze gekürzt, da sie in den meisten Fällen für ein Leben in engsten, überfüllten Käfigen bestimmt sind.

Es gibt auch traditionelle Rassen, die gegen Winterwetter abgehärtet sind und gute, robuste Legehennen abgeben. Außerdem sind hier auch jüngere Züchtungen wie die

Burford Brown und Black Oakworth zu erwähnen, die reizvolle schokobraune Eier legen.

Zwar können Sie Ihre Schar auch in einem relativ kleinen Hinterhof halten, aber je mehr Fläche Sie ihnen bieten, auf der sie picken, scharren und staubbaden können, desto glücklicher, gesünder und lebhafter werden sie sein.

Warren-Henne (ehemaliges Batteriehuhn)

WARREN Diese lieben, mittelgroßen roten Hennen sind ruhig, zutraulich und freundlich. Es gibt zahlreiche Zuchtlinien der Warren, zum Beispiel das Hy-Line Brown- und das Lohmann-Brown-Huhn. Warren-Hühner sind die Hauptzuchtrasse der industriellen Eierproduktion. Sie wurden ursprünglich als Batteriehennen für die Stallhaltung gezüchtet; ihr Gefieder ist locker, und im Freien wirken die Tiere an Wintertagen oft unterkühlt. Nimmt man eines dieser Tiere auf den Arm, fühlt es sich weniger kräftig an als die reinrassigen Hennen, da es seine gesamte Energie aufwenden muss, um in einem zu kurzen Zeitraum zu viele Eier zu legen.

Warren-Hühner werden millionenfach ausgebrütet und beginnen ihr Leben des schier endlosen Eierlegens als 18 Wochen alte Junghennen. Sie tragen ein sauberes, glänzendes Federkleid in den Farbschlägen Ocker, Orange, Braun und Rot, gelegentlich unterbrochen durch weiße Federn. Von da an werden unsere kleinen roten Hennen jeden Tag ein Ei legen, oft ohne jede Pause, bis sie im Alter von ungefähr 72 Wochen als »verbrauchte« Hennen – um einen Begriff aus der Industrie zu verwenden – in den Geflügelschlachthof gebracht werden. Im Lauf ihres kurzen Lebens verliert ihr Körper seine Festigkeit, die Henne muss brutale Streitereien aushalten und sieht allmählich so schäbig wie eine vielverwendete Einkaufstasche aus. Und trotzdem widmet sie ihre ganze Kraft dem Eierlegen statt dem eigenen Wohl.

Den kleinen Fabrikarbeiterinnen ist kein langes Leben vergönnt. Aber ein paar glückliche Hennen werden gerettet, vor allem durch den British Hen Welfare Trust, der im ganzen Land regelmäßig sogenannte »Rehoming-Days« (Umplatzierungstage) durchführt. Bei diesen Veranstaltungen bekommen Scharen von mehreren Hundert Hühnern zum ersten Mal echtes Gras unter ihren zu langen Krallen zu spüren. Ihre Kämme sehen völlig unnatürlich aus und gleichen pfirsichfarbenen Pfannkuchenstücken, was der Hitze in ihren Batteriekäfigen zuzuschreiben ist; sie schrumpfen jedoch nach ein paar Wochen wieder auf ihre normale Größe.

Für diese Pensionärinnen ist alles eine völlig neue, beängstigende Erfahrung, bis sie sich daran gewöhnt haben, draußen im Freien zu sein, wo sie zum ersten Mal Platz und Gelegenheit haben, ein freies und natürliches Leben zu führen. Erstaunlich ist, dass sie instinktiv wissen, wie sie picken und scharren und staubbaden können. Und die Mehrzahl der geretteten Hennen ist guter Gesundheit, auch wenn sie aussehen, als wären sie in einen Gartenhäcksler geraten.

Die Hennen müssen recht schnell wieder ihr Federkleid nachwachsen lassen, was bedeutet, dass ihr Futter mit Öl und Protein angereichert werden muss. Bisher bekamen sie nur das gemahlene Legehennenfutter zu fressen; sie kennen nichts anderes. Kaufen Sie eine kleine Packung davon, von der besten Qualität, die zu haben ist, fügen Sie ein wenig Lebertran und ein bisschen proteinreiches Futter für brütende Käfigvögel hinzu. Auch Dosenbohnen werden eifrig gepickt, wenn die Hennen erst einmal auf den Geschmack gekommen sind; auch das fördert das Wachstum neuer Federn.

Auch im Erholungsprozess werden diese früheren Batteriehennen auf das Eierlegen programmiert sein, was oft fatal an ihren Kräften zehrt. Und sie sind dann auch zu hart zu sich selbst. Die zäheren Hühner werden es überstehen, aber die meisten haben ohnehin ein kurzes Leben, auch wenn sie fröhlich und produktiv zu sein scheinen. Viele engagierte Halter von ehemaligen Käfighennen lassen den Tieren von einem Tierarzt eine Art Mikrochip implantieren, der die Produktion von Legehormonen unterbindet. Das Eierlegen hört auf, und die Hennen können nun ihre Kalzium- und Energiereserven wieder aufbauen.

Wer mit der Rettung von Batteriehühnern anfängt, wird zunächst glauben, die Hennen müssten durch kleine Strickwesten geschützt werden, die sie warm und zufrieden halten, während ihr Federkleid nachwächst. Aber das ist nicht nötig, außerdem werden diese Westen nur nass und bewirken dann das Gegenteil. Es ist jedoch klug, die geretteten Hennen nur schrittweise an den Freilauf zu gewöhnen, vor allem, wenn sie im Winter gerettet wurden, weil sie sich sonst leicht erkälten können. Halten Sie die Tiere zunächst in einem hellen, gut belüfteten Stall oder in einem Gewächshaus mit stabilem Fundament, um sie gegen die bitteren Winterwinde zu schützen. Bis zum Frühjahr wird ihnen dann ein neues Federkleid nachwachsen, sodass sie auch draußen im Freien geschützt sind.

BURFORD BROWN Die Burford Brown-Henne ist für ihre dunkelbraunen Eier berühmt, die als Premium-Eier in gelbbraunen Eierkartons in den britischen Supermärkten angeboten werden (in Deutschland nur im Onlinehandel). Wie auch die Cotswold Legbar haben wir diese Zuchtlinie der engagierten Arbeit von Philip Lee-Woolf zu verdanken. Die ursprünglichen Vögel wurden 1940 von seiner Großmutter, Mabel Perman, auf der Manor Farm im Dorf Burford in den Cotswolds gezüchtet. Burford Brown-Hähne gibt es nicht frei zu kaufen, da die Züchtung geschützt ist und die Junghähne nur von Philip selbst verkauft werden. Es gibt manchmal eine lange Warteliste, aber das ist es wert, weil die Eier der Burford Brown-Hennen besonders groß sind.

Burford Brown-Henne

Im Stammbaum der Burford Brown müssen einige Marans-Hühner zu finden sein, worauf die dunklen Eierschalen und die schiere Größe der erwachsenen Hennen hindeuten. Sie haben rostrote oder kastanienbraune Hals- und Brustfedern und große Kämme und Kehllappen. Manchmal stößt man auch im Verkauf auf Burford Brown-Hühner, die aus kommerziellen Eierfarmen befreit worden waren. Wenn ich solche Tiere entdeckte, waren sie oft in einem vernachlässigten und verdreckten Zustand mit großen, blassrosa und schlaffen Kämmen; es wäre lohnend zu beobachten, wie sie sich wieder erholen.

Burford Brown-Hühner fühlen sich im Freilauf besonders wohl, aber sie flattern nicht herum. Wenn ihr Freigehege groß genug ist und sie darin genug zu tun haben, geben sie gute Legehennen für den Garten ab. Aber seien Sie gewarnt: Sie legen sich die schlechte Gewohnheit zu, Federn zu picken, wenn sie sich aufgrund von Platzmangel langweilen.

BLACK OAKWORTH Diese Henne mit ihrem fast schwarzen Federkleid ist eine gute Wahl, wenn man nach Legehennen sucht, die schöne mahagonifarbene Eier legen. Die Zuchtlinie stammt aus West Yorkshire und ist bekannt für ihre Robustheit und Vitalität. Sie ist auch keine gierige Henne und deshalb im Vergleich mit anderen Rassen recht sparsam in der Haltung.

Black Oakworth-Henne

Die Black Oakworth wurde von Edward Dickinson gezüchtet, der seit 20 Jahren, seit er zehn Jahre alt war, seine Hühner selektiv züchtet; diese Zuchtlinie benannte er nach seinem Wohnort in den Pennines. Er wollte eine Henne züchten, die dunkelbraune Eier legt und keinen Federbesatz an den Beinen hat, sodass kein Schmutz in die Nistkästen gelangen

Black Rock Hybridhuhn

kann. Zuerst kreuzte er Welsumer mit Marans und das Ergebnis mit Leghorn, um die Zahl der Eier zu steigern und die Vögel leichter zu machen. Dann wählte er die besten Legehennen aus, die – besonders wichtig – ein ruhiges Temperament aufwiesen, was zugleich dafür sorgte, dass die Oakworth-Hühner nicht flugfreudig sind.

MUIRFIELD BLACK ROCK Diese schottische Dame ist eine robuste Hybridhenne mit dichtem Gefieder und eine Meisterin im Legen von kräftig braun gefärbten Eiern. Alle echten Black Rock-Hühner stammen von einer einzigen Geflügelzuchtfarm namens Muirfield in Schottland und wurden ursprünglich von dem herausragenden Geflügelzüchter Peter Siddons gezüchtet.

Wie der Name sagt, hat die Henne überwiegend schwarze Federn, in unterschiedlichem Maße vermischt mit rötlichen und braunen Federn. Bei manchen zeigen der starke Hals, die Brust und die Flügel die rotbraunen Farben, bei anderen wiederum sind die Federn vollkommen schwarz. Oft wird behauptet, die Black Rock sei eine einfache Kreuzung zwischen einer Plymouth Rock und einer Rhodeländer, aber das ist nicht der Fall, auch wenn manche Geflügelhändler versuchen, minderwertige Vögel, bekannt als Rhode Rocks, als echte Black Rocks zu vermarkten. Rhode Rocks sehen zwar ähnlich aus, schneiden aber im Vergleich schlecht ab. Echte Black Rocks sind hübsche Hennen, die in einem ausreichend großen Hühnerhof zufrieden leben werden. Es sind ruhige, robuste Tiere mit ausgeprägter Persönlichkeit.

BLUEBELL Dank ihres Marans-Erbguts ist die Bluebell eine große, robuste, hübsche Hybride und gute Legehenne, die große hellbraune Eier legt. In Farbe und Federmarkierungen unterscheiden sie sich ein wenig, aber die Mehrzahl

Bluebell Hybridhenne

der Hennen hat ein dunkel-graublaues Federkleid, manchmal mit helleren Spitzen der Brustfedern, wo sich manchmal auch ein wenig rötliche Färbungen zeigen.

Mit ihrem ruhigen Wesen ist die Bluebell gut für einen Hühnerhof im Garten geeignet. Sie gewöhnt sich schnell ein und wird unglaublich zahm. Unter den Hybridhennen zählt sie zu den langlebigsten, wahrscheinlich, weil sie sich mitunter Pausen vom Eierlegen gönnt.

SUSSEX Die Sussex, und vor allem die Light Sussex als die beliebteste Variante, war so etwas wie die Standard-Legehenne in den britischen Gärten während des Zweiten Weltkriegs. Ihre stabile Legeleistung bewahrte viele Familien davor, sich mit Eierpulver und rationierten Eiern zufriedengeben zu müssen. Damals hatte jede Eierfarm ein wahres Meer von ständig her-

Light Sussex-Hahn und -Henne,
Sussex-Henne und -Hahn, gesprenkelt

umlaufenden weißen und schwarzen, eifrig Eier legenden Sussex-Hühnern, bis dann die braune Rhodeländer-Hybride zum Champion der Legehennen wurde.

Ihre Anpassungsfähigkeit macht das Sussex-Huhn zum perfekten Beispiel eines »Zwiehuhns«, also eines »Zweinutzungshuhns«, das nicht nur Eier produziert, sondern auch das Fleisch für eine gute Hühnerschmorpfanne abgibt. In der »Dig for Victory«-Zeit – der Kampagne in den 1940er-Jahren, durch die man die Briten zu mehr Eigenproduktion von Nahrungsmitteln in Gärten und öffentlichen Flächen ermuntern wollte – endeten die Sussex-Hennen aus dem Garten oft in den Töpfen, sodass viele Menschen nach langer Zeit endlich wieder einmal den Geschmack von Hühnerfleisch genießen konnten.

Die sanftmütige Sussex legt hellbraune Eier. Eine echte reinrassige Light Sussex, die aus einem guten Zuchtbetrieb und nicht aus einer für Geflügelschauen gezüchteten Linie stammt, ist nicht nur die beste Legehenne aller Sussex-Zuchtlinien, sondern auch eine schöne, große Henne mit einem von oben bis unten weißen Federkleid, das nur von den schwarzen Schwung- und Schwanzfedern unterbrochen wird. Ihr hervorstechendes Merkmal ist ein weißer Hals, der einen schwarzen Streifen vom Kopf nach unten aufweist. Wie auch Orpington-Hühner werden Light Sussex-Hühner gern als Staffage für jeden gut inszenierten historischen Film eingesetzt, in dem ein Bauernhof, ein Dorfplatz oder ein Markt zu sehen ist.

Die Sussex-Hybriden kann ich nicht empfehlen. Im Vergleich zu den reinrassigen Sussex wirken sie geradezu armselig, außerdem ist es besser, die ursprüngliche Art zu erhalten. Vor allem sollten Sie nach Vögeln Ausschau halten, die aus einer von Fred Hams gezüchteten Linie stammen, denn das sind die besten.

Unter den verschiedenen Farbenschlägen der Sussex-Hühner ist die Gesprenkelte Sussex vermutlich der schönste. Warum sie so selten geworden ist, scheint angesichts ihres Aussehens ein Rätsel. Zugegeben, im Vergleich zur Light Sussex zeigt sie keine gute Legeeigenschaft, aber wegen ihres Aussehens hat sie es verdient, gehalten zu werden. Ihr Federkleid zeigt eine glänzende, intensive mahagonifarbene Basis mit ziegelroten Aufhellungen und gesprenkelt mit smaragdgrünen, fast schwarzen Flecken, doch die beherrschende Färbung wird von weißen Sprenkeln aufgebrochen. Bei jeder Mauser nehmen diese weißen Sprenkel zu.

Die Sussex ist rundum gut zu halten und brütet gern, und das hübsche Sussex-Zwerghuhn sticht bei dieser Eigenschaft besonders hervor.

Rhodeländer-Henne

RHODELÄNDER Unter den Hühnern gilt die gute alte amerikanische »Rhodie« als eine Art Kulthuhn. Der Ruhm der Rhodeländer-Henne beruht vor allem auf ihrer guten Legeleistung, weshalb andere kommerzielle Hybriden aus dieser Zuchtlinie entwickelt wurden. Aber auch die reinrassige Rhodeländer zeigt eine eindrucksvolle Legeleistung, nur die lebhafte Leghorn übertrifft sie darin.

Zwar ist das Rhodeländer-Huhn eine bekannte Rasse, aber wer Hühner mit dieser Bezeichnung kauft, erwirbt damit oftmals – unwissentlich oder nicht – Warren-Hybride, ihre modernen Abkömmlinge. Eine echte Rhodeländer ist ein recht großer Vogel von kräftigem Dunkelrot und einem terrassenartig geschichteten Federkleid mit schwarzen Zeichnungen an Schwanz- und Flügelfedern. Die Hähne tragen das gleiche Federkleid, jedoch oft mit noch dunklerer Rotfärbung.

Ein Hühnerhof mit Rhodeländern und Light Sussex sieht sehr hübsch aus, zumal die weißen Federn der Sussex das vorherrschende Dunkelrot der Rhodeländer aufhellen. Es ist schön, diese beiden traditionell sehr gut legenden Rassen zusammen zu halten.

PLYMOUTH ROCK Was für eine wunderbare Bonbontüte die Plymouth-Henne doch ist, mit ihrem wunderbaren schwarz-

Plymouth Rock-Henne

weißen Federkleid! In den Vereinigten Staaten ist diese in Massachusetts in den 1860er-Jahren gezüchtete Rasse ausgesprochen populär. Die Plymouth ist eine robuste und zahme Legehenne, sowohl in der großen Hühnerform als auch in der ebenfalls erfreulich robusten und reizenden Zwergvariante. Sie legt über mehrere Jahre eine gute Zahl hellbrauner Eier. Es ist mir ein Rätsel, warum sie im Vereinigten Königreich nicht ähnlich populär ist. Ich empfehle vor allem die Zwerghuhnvariante, die mit ihrem runden Körper auf hellgelben Beinen sehr hübsch daherkommt.

Die Brütigkeit kann bei manchen dieser Hennen alles andere verdrängen, aber man kann sie auch davon abbringen. Neben der auffallenden Musterung dieser Rasse gibt es auch die gelbe Plymouth Rock, die ein ähnlich aprikosenfarbenes Gesicht zeigt wie die Orpington, aber weit bessere Legeleistung bringt. Das Dominikaner-Huhn, die älteste in den USA erzüchtete Haushuhnrasse, sieht der schwarz-weißen Plymouth Rock sehr ähnlich.

DSCHUNGELHUHN

JEDE WOCHE MACHTEN Mum, Lyndon und ich unseren Wocheneinkauf im Supermarkt *Safeway*. Im Rückblick war es ein ziemlich kleiner Supermarkt, verglichen mit den seelenlosen Mega-Supermärkten, die wie riesige Raumschiffe an den Rändern unserer Städte landeten und die Konsumenten aus den einst belebten Einkaufsstraßen in den Stadtzentren weglockten. Der kleine Lyndon wollte unbedingt mit seinem kleinen Trettraktor samt Anhänger zum Supermarkt fahren; so konnten wir einen Teil der Einkäufe auf dem Anhänger nach Hause transportieren. Wir gingen zu Fuß zum Supermarkt, wobei Lyndon stolz und ernst neben uns herstrampelte; den kleinen Traktor mit dem wichtigen Anhänger parkte er vor dem Eingang.

Der Sicherheitsmann am Eingang bedachte mich jedes Mal mit strengem und missbilligendem Blick. Er kannte mich noch von früher als den kleinen Rotzbengel, den er mehrmals dabei erwischt hatte, wie er Aufkleber der Tierschutzorganisation *Compassion in World Farming* auf die Brathähnchen geklebt hatte, die es für drei Pfund zu kaufen gab. Jedes Mal, wenn wir einkaufen gingen, untersuchte ich die Frischfleischhühner nach Symptomen der Sprunggelenkkrankheit – schwarze und braune Verkrustungen und Geschwüre an den Fußgelenken. Sie werden durch schlechte Haltungsbedingungen verursacht, wenn das schwergewichtige Mastgeflügel (in der Fachsprache Broiler genannt, im Unterschied zu den Legehennen) in einem engen Zeitrahmen von fünf bis sieben Wochen vom Schlüpfen bis zum Schlachtgewicht gemästet wird. Der rapiden Gewichtszunahme sind die Beine und Füße der Tiere nicht gewachsen, und wenn die Einstreu des Hühnerstalls nicht immer wieder gegen neues Material ausgetauscht wird, sitzen die Tiere buchstäblich ihr gesamtes kurzes Leben in ihrem eigenen Kot. Der säurehaltige Mist »verbrennt« die Beine der Vögel; diese Entzündungen (im Englischen »hock burns« genannt) sind sozusagen die Souvenirtätowierungen ihrer Leidensgeschichte. Natürlich lassen sie sich einfach dadurch beseitigen, dass man die Beine vor dem Verkauf abschneidet. Bis heute führe ich geradezu zwanghaft meine Tests an frischen Brathähnchen durch.

Irgendwann gelang es Mum dann, mich aus der Frischfleischabteilung zu zerren, sodass wir uns mit unseren Einkäufen und Lyndons Traktor auf den Heimweg machen konnten.

ES IST KAUM ZU GLAUBEN aber alle heute bekannten Haushuhnrassen stammen von einem kleinen, einem Fasan ähnelnden roten Vogel ab, dem südostasiatischen Bankivahuhn. Trotz der großen Bandbreite von Hühnern unterschiedlicher Größe und verschiedenartigem Aussehen gehören sie genetisch zur selben Spezies. Von diesem Dschungelhuhn haben wir im Verlauf der Menschheitsgeschichte die Haushühner domestiziert, die heute auf unserer gefährdeten Erde leben. Es ist erfreulich, dass es abseits der fabrikartigen Massentierhaltung noch immer erstaunlich viele echte Züchtungslinien gibt, die wir in unseren Küchen- und Hinterhofgärten oder auf Kleinbauernhöfen halten können. Hier können Hühner noch Hühner sein: majestätische, elegante Geschöpfe, die wie auf einem Laufsteg frei einherstolzieren.

Alle heutigen reinen und seltenen Hühnerrassen sind Zeugen einer Zeit, als das Leben im Allgemeinen noch gemächlicher verlief als heute. Sie alle befriedigten bestimmte Bedürfnisse, im Unterschied zu den modernen einheitlichen Alltagszüchtungen. Über die Grenzen hinweg und auch innerhalb der einzelnen Länder gibt es eine reiche genetische Vielfalt von Hühnern, die alle nach bestimmten Zielkriterien wie Größe, Aussehen und

Persönlichkeitsmerkmalen erzüchtet wurden. Ihr Leben wird zwar von uns kontrolliert, aber sie folgen dennoch dem Diktat der Natur mit ihren Brutzeiten und der vom natürlichen Licht beeinflussten Hormonsteuerung. Auch die älteren Rassen waren durchaus produktiv, zudem waren sie robuster und unabhängiger als die heutigen neueren Züchtungen. Sie besaßen noch viele der Instinkte ihres Dschungel-Urahns, und ihre physische Robustheit ermöglichte ihnen ein gedeihliches und gesundes Leben, auch wenn sie im Freien gehalten wurden und keine Antibiotika benötigten. Oftmals wurden die Rassen und Zuchtlinien nach den Orten benannt, an denen sie gezüchtet worden waren, oder nach Menschen, die sie gezüchtet hatten. Dagegen haben moderne Masthühner keine Namen mehr, sondern nur noch Stammnummern: trostlose, leere Bezeichnungen, die wie Seriennummern irgendwelcher Küchengeräte klingen.

VIELE DER ALTEN Züchtungen brachten wahrscheinlich keine Populationen hervor, die zu einem bestimmten Zeitpunkt mehr als ein paar Tausend lebende Individuen umfasste, und von ein paar Dutzend Züchtungen, die heute als sehr selten eingestuft werden, gab es vermutlich nie mehr als ein paar Hundert Tiere. Das leuchtet ein, weil Brutkästen erst in den 1840er-Jahren in Amerika in Gebrauch kamen, denn erst diese ermöglichten es, eine größere Zahl von Eiern auszubrüten. In der Zeit davor war eine brütige Henne ein wertvoller Besitz, und für mich gilt das auch heute noch.

Neu entdeckte Züchtungen aus Asien wurden zur Sensation, vor allem, nachdem Königin Victoria sie geschenkt bekommen hatte. Die erste englische Geflügelschau wurde 1845 in London veranstaltet. Im Jahr 1849 wurden Hahnenkämpfe verboten – ein »Sport«, der in dem Film *Die Herrin von Thornhill* (1967) dargestellt ist –, Sergeant Troy fiebert mit seinem Hahn und murmelt, »Komm schon, mein Schöner«, muss dann aber mitansehen, wie sein Vogel von dessen Gegner zu Tode gepickt

Gold-rebhuhnfarbige Holländische Zwerghühner, eine der kleinsten Zwerghuhnrassen. (Das kleinste Huhn ist das malayische Serama-Zwerghuhn)

wird. Das waren vor allem die alten englischen Kampfhähne mit schönen Federn, aber furchtbar fiesen Gesichtern. Das Verbot führte dazu, dass viele dieser Zuchthühner den Weg in die neu entstehende Szene der Geflügelschauen fanden, die ein gesellschaftliches Ereignis waren, bei denen aber auch ein scharfer Wettbewerb herrschte. Der Poultry Club of Great Britain wurde 1877 gegründet, und verschiedene weitere Clubs fördern mit großem Engagement jeweils bestimmte Rassen. In Deutschland wurde der Bund Deutscher Rassegeflügelzüchter (BDRG) 1881 gegründet; er hat sich dem Erhalt der vielen verschiedenen Geflügel- und Taubenrassen verschrieben, die nach einem festgelegten Standard gezüchtet werden.

Man benötigt viele Jahre zielgerichtete (selektive) Züchtungsarbeit, um bei den Geflügelschauen Preise zu erringen. Sehr schnell entwickelte sich die Liebhaberei der Geflügelhaltung in eine ganz andere Richtung: die Züchtung von Hühnern für kommerzielle Zwecke, also Eier und Fleisch. Die eigentlichen Geflügelliebhaber hingegen wurden geradezu besessen von den Vögeln – nicht wegen ihres Fleischertrags, sondern wegen ihres Gefieders, ihrer Kämme, Haltung und ihren Beinfarben. Bei den Geflügelausstellungen wurden die Eier nach Schalenfarbe bewertet, die ganz bestimmten Vorgaben für die jeweilige Hühnerrasse entsprechen musste. Mir gefällt es besonders gut, wenn bei der nationalen Geflügelschau in Staffordshire mehrere Eier in kleinen runden Schalen auf einem Sandbett präsentiert werden. Manche werden geöffnet und mit Hinweisen auf Frische und Farbe des Eidotters präsentiert. Leider vergisst man heute, bei den verschiedenen Rassen die Zahl der gelegten Eier anzugeben, sodass die ehemals guten Legeleistungen von reinrassigen Züchtungen wie dem Orpington-Huhn rückläufig sind. Viele Schau-Zuchtlinien von reinrassigen Hühnern zeigen heutzutage leider eine recht schlechte Legeleistung.

Die Hühnerhaltung zur Eierproduktion war früher immer eine Aufgabe der Bäuerinnen. Die Hennen hatten damals ein recht angenehmes Leben und genossen freien Auslauf auf dem Hof und an den Rändern der Dorfstraßen und -wege, wo sie nach Küchenabfällen suchten und Körner pickten. Die Frauen verdienten sich mit dem Eierverkauf ein wenig »Eiergeld«.

Mir scheint, dass man damals Hühnern viel größere Wertschätzung entgegenbrachte. Während des Zweiten Weltkriegs wurden sie wegen der Eier sogar noch mehr geschätzt. Das war so etwas wie das Goldene Zeitalter der Selbstversorgung im kleinen Maßstab. Es gab sogar eine staatliche Kampagne unter dem Motto »Dig for Victory«, mit der die Bevölkerung aufgefordert wurde, Gemüse und andere Nahrungsmittel im eigenen Garten anzubauen. Auch die durch die Hühnerhaltung im Hinterhof produzierten Eier bewahrten viele Familien davor, Trockeneirationen essen zu müssen. Ein paar *Light-Sussex*-Hühner konnten so manche Familie durch diese mageren Zeiten bringen, und die Familien hielten zusammen und sorgten dafür, dass Tischabfälle gesammelt, aufgekocht und als Futter für die Schweine und das Geflügel in der Nachbarschaft weiterverwendet wurden.

Doch als der Krieg vorbei war, trat die Ernährung der wachsenden Weltbevölkerung in den Vordergrund. Die Nahrungsmittelrationierung sollte möglichst schnell enden, und die Regierungen förderten die Intensivierung der Agrarproduktion. Statt weiterhin das »gute Leben« der Nahrungsmittelproduktion im Hinterhof zu fördern, wurde nun alles auf die Industrialisierung der Agrarwirtschaft mit möglichst hohen Erträgen fokussiert. Plötzlich schwang das Pendel ins andere Extrem.

Die uralten Hecken wurden gerodet, um die landwirtschaftlichen Nutzflächen zu vergrößern. Auf den Feldern mussten die vertrauten schweren Kaltblutpferde den Traktoren und Erntemaschinen weichen. Auch in der Hühnerzucht war nun das Rennen eröffnet – es galt, eine Henne zu finden und weiter zu züchten, die so viele Eier wie nur möglich legen konnte. In den Zuchtbetrieben sperrte man Rhodeländer-, Leghorn- und Sussex-Hennen in Käfige ein, um ihre Legeleistung genauestens zu überwachen und aufzuzeichnen, alles im Namen der Forschung – Szenen, die ein wenig an den Film *Charlie und die Schokoladenfabrik* erinnern.

Anfangs waren es noch immer die reinrassigen Arten und deren erste Kreuzungslinien, die in strohbestreuten Gehegen in Scharen von mehreren Hundert Tieren gehalten wurden und auch ins Freie durften, sodass sie noch ein gewisses Maß an natürlichen Lebensumständen genießen konnten. Ihre Hybridtöchter jedoch zeigten bereits bessere Legeleistungen, hatten kleinere Körper, ein ruhigeres Wesen und geringeren Futterbedarf. Diese Hennen wurden bereits für die industrielle Haltung in Käfigen gezüchtet, die in schier endlosen, dicht gedrängten Reihen in fensterlosen Fabrikhallen aufgestellt wurden. Mit entsprechender Beleuchtung wurde den Hühnern ein immerwährender Sommer vorgegaukelt.

»Der größte Teil der Eierproduktion in diesem Land ist jetzt leider mit Salmonellen infiziert.« Es überrascht nicht, dass diese Aussage der damaligen Gesundheitsministerin Edwina Currie 1988 Schockwellen durch die britische Bevölkerung schickte. In der Folge brach nicht nur der Eierabsatz um bis zu 60 % ein, sondern es wurden auch strengere Vorschriften für den Eierverkauf erlassen. Für die Kleinbauern und die vielen privaten Hinterhof-Hühnerhalter, die die Eier immer noch mit reinrassigen Zweinutzungshühnern produzierten, war das eine Katastrophe. Plötzlich wurden die Küchen der Leute, in denen die nichtindustriell produzierten Eier einfach in Kartons verpackt und direkt im Bauernhaus oder am Gartentor verkauft wurden, zu »Verpackungsräumen für Nahrungsmittel« deklariert und behördlichen Inspektionen unterworfen.

GLÜCKLICHERWEISE KANN man Legehennen nicht zwingen, mehr als ein Ei pro Tag zu legen. Außerdem müssen sie mindestens 18 Wochen alt sein, um überhaupt Eier legen zu können. Bei Hühnern jedoch, die für die Fleischproduktion gezüchtet

Eine Ükkeler Bartzwerg-Henne bringt ihren Küken das Picken bei

werden, ist das anders: Man entdeckte, wie man ihre Lebensspanne immer weiter verringern konnte, bis zu dem Punkt, dass man heute ein Brathuhn schon im zarten Alter von nur fünf Wochen zur Schlachtreife mästen kann, verglichen mit den traditionellen 15 Wochen, die es normalerweise brauchen würde, um ein ordentliches Schlachtgewicht zu erreichen.

Es ist kaum vorstellbar, dass noch um 1950 der typische britische Sonntagsbraten eher aus Kaninchen- denn aus Hühnerfleisch bestand. Doch dann, im Jahr 1953, wurde das amerikanische System der Hühnerfleischproduktion im Vereinigten Königreich eingeführt.

Wenn Sie eine visuelle Darstellung der menschlichen Gier haben wollen, die sich in diesem Fall in Form von »Billignahrung« manifestiert, brauchen Sie nur ein Foto eines fünf Wochen alten Brathähnchens zu googeln, das immer noch die blauen Augen eines wochenalten Kükens besitzt, aber einen Körper von der Größe eines Fußballs mit gelben Beinen, die unter dem eigenen Gewicht schier einknicken. Von den Milliarden Hühnern, die es heute auf der Welt gibt, gehört nur noch ein verschwindend kleiner Prozentsatz zu den kostbaren, traditionellen reinrassigen Zuchtlinien, die von privaten Liebhabern oder von Kleinbauern gehalten werden. Alle übrigen sind Opfer einer globalen, Milliarden Dollar schweren Industrie geworden, die ihr Fleisch oder ihre Eier buchstäblich aberntet. Vielleicht wird man sich eines fernen Tages an die Vorherrschaft des *Homo sapiens* auf diesem Planeten vor allem anhand der schieren Masse von fossilen Hühnerknochen erinnern, die wir zurückließen. Doch die Billigfleischproduktion hat auch Kosten für uns Menschen: Bei verdeckten Ermittlungen in britischen Geflügelfarmen zeigte sich, dass die Arbeiter, die das Geflügel für den Transport zu den Schlächtereien einfangen und verladen, Opfer einer modernen Form von Sklaverei sind.

Organisationen, die sich um das Tierwohl des Geflügels kümmern, greifen mitunter auf aussagekräftige Bilder zurück. Besonders unvergesslich ist ein Werbespot der britischen Tierschutzorganisation RSPCA im Jahr 2004: Er zeigte, wie die Backofentür eines typischen Küchenherds geöffnet wird, in dem sich mehrere Hühner drängten, dazu eine Stimme: »Ein gewöhnlicher Backofen ist groß genug, um ein Hähnchen zu braten – oder fünf lebende zu mästen.« Die Kamera zoomte dann auf die sichtbar verängstigten Gesichter der Hühner, die aufgeregt gackerten, bis die Ofentür zugeschlagen wurde. Mit diesem 30-Sekunden-Spot wurde der ganze entsetzliche Irrsinn der modernen Geflügelproduktion auf den Punkt gebracht – aber es war nur eine schwache Anklage angesichts der schieren PR-Macht der Nahrungsmittelindustrie.

MANCHMAL NENNE ICH meine Hennen »Girls«, weil mich das Wort »Huhn« zu sehr an »Suppenhuhn« erinnert. Tatsächlich bestehen die meisten Hühnerscharen ausschließlich aus weiblichen Hühnern ohne einen einzigen Hahn darunter.

Ich bin ein sehr wählerischer Fleischesser, und Hühnerfleisch esse ich überhaupt nicht mehr. Früher aß ich es manchmal nur aus Höflichkeit, etwa wenn mir jemand voller Stolz ein Hähnchenfleischgericht vorsetzte: »Arthur, mach dir keinen Kopf wegen des Huhns. Es stammt aus organischer Freilandhaltung und wurde von unserem Metzger persönlich ausgewählt, und der ist absolut der beste.« Ich gebe zu, dass richtig gebratenes Hühnerfleisch wunderbar duftet. Und natürlich versuchte ich es auch zu essen. Bis sich mir dann der Magen umdrehte und ich, rot vor Verlegenheit, vom Tisch aufstehen musste.

Inzwischen bin ich gut darin, so zu tun, als würde ich Huhn essen. Letztes Mal, als ich vortäuschen wollte, das Stück Hühnerbrust auf meinem Teller zu essen, schnitt ich langsam die Beilage, die köstlichen gerösteten Kartoffeln, in Scheiben und tat so, als wäre mein Besteck so nutzlos wie Spielzeugbesteck. Doch nach langem Zögern löste ich schließlich die geröstete Haut von der Hühnerbrust, sodass das weiße Fleisch zum Vorschein kam, das genauso blass war wie meine Hand – und schon wurde mir übel.

Vollkommen unbegreiflich ist mir, welchen Aufstand manche Leute machen, wenn sie mal kein Fleisch auf dem Teller haben. Sie kriegen es einfach nicht in den Kopf, wie wichtig es ist, dass wir unsere Essgewohnheiten ändern und weniger Fleisch essen müssen, wenn wir den Planeten retten wollen. Der britische Naturforscher und Tierfilmer David Attenborough brachte unseren übermäßigen Fleischkonsum auf den Punkt, als er darauf hinwies, dass die Natur für einen Ausgleich gesorgt habe – einer kleinen Zahl von Fleischfressern stehe eine riesige Zahl von Pflanzen- und Allesfressern gegenüber. Unser Planet sei schlicht nicht dafür geschaffen, Milliarden von täglichen Fleischfressern zu ernähren.

Aber ich genieße die Eier, die meine Hennen legen. Warum auch nicht? Von den eigenen Hennen bekommt man die frischesten, höchst wunderbar gefärbten und rundum schönen Eier. Ich bin ein miserabler Koch, aber ich schaue mir gern die YouTube-Episoden von *Two Fat Ladies* an, einer britischen Kochserie. In einer Episode erklärt Jennifer Paterson streng: »Lege Eier nie, niemals in den Kühlschrank!«

Ich stimme Jennifer zu. Schließlich hat die Natur die Eier nicht geschaffen, damit sie im Kühlschrank aufbewahrt werden. Es sieht viel netter aus, die Eier ganz offen aufzubewahren, statt sie im Kühlschrank zu verstecken. Ich habe eine Pflanzenschale aus Terrakotta, in der ich stolz ein Dutzend Eier präsentiere. Wenn Sie viele Legehennen halten, sollten Sie auf dem Karton oder Behälter das Legedatum vermerken, da Sie sonst bald nicht mehr erkennen können, welche Eier die frischesten sind.

In letzter Zeit wurde ich sehr gut darin, Eier zu pochieren. Zwei Tage alte Eier sind dafür genau richtig. Es ist faszinierend, ein Ei in das kochende Wasser zu geben und zu beobachten, wie es pochiert wird – wie das Eiweiß im simmernden Wasser den allmählich verschwindenden Eidotter umhüllt, als würde es mit weißer Chiffonseide umhüllt.

DIE URSPRÜNGLICHEN BATTERIEKÄFIGE sahen für jede Legehenne eine Fläche von der Größe eines DIN-A4-Papierblatts vor. Das ermöglicht dem Tier kein natürliches Verhalten. Im Vereinigten Königreich und in der EU ist die klassische Käfighaltung seit 2012 verboten, jedoch sind Hühnerkäfige in anderen Ländern wie Mexiko und China immer noch erlaubt; Australien plant ein solches Verbot erst ab 2036. Aber auch wenn die klassische Käfighaltung allmählich verschwindet, ist die traurige Geschichte noch nicht zu Ende. Vielerorts wurde die Käfighaltung einfach durch die sogenannte »ausgestaltete Käfighaltung« (auch »Kleingruppenhaltung« genannt) ersetzt, bei der zwischen 40 und 80 Legehennen in einem Käfig untergebracht werden. Damit steht zwar einer Henne etwas mehr Platz als vorher zur Verfügung, dennoch lebt sie in bejammernswerter Enge. Zur »ausgestalteten Käfighaltung« gehören eine Metallsitzstange und eine herabhängende Klappe, die eine Art Nist-Ecke vom Käfig abtrennt. Der Boden ist mit einer Astroturf-Einlegematte bedeckt, die als Scharrplatz dienen soll. Staubbäder sind nicht möglich, weil bisher niemand herausgefunden hat, wie man den Vögeln in den Käfigen die Möglichkeit dafür bieten könnte. Das einzig Gute an einem gut geführten Koloniekäfig ist, dass sich aufgrund der kleineren Schargröße eine Art Hackordnung entwickeln kann.

Typischerweise leiden Hühner bei der kommerziellen Bodenhaltung oder in Großställen (ohne Freilauf) an sozialem Stress. Ein riesiger Teppich von Hennen erstreckt sich fast so weit das Auge reicht, in dem es den Hennen schwerfällt, eine Art Hackordnung zu finden – es ist zulässig, in der britischen »Standard Free Range«-Haltung bis zu 16 000 Hennen unterzubringen. Weil ihnen in den Ställen auch Nistkästen, Futter und Wasser angeboten werden, sind die Hennen so konditioniert, dass sie sich gar nicht mehr nach draußen wagen. Nur gute Farmen schaffen ansprechende Bedingungen, etwa indem Bäume und Hecken gepflanzt werden, die den Tieren Schutz bieten.

Weiße Zwerg-Cochinhühner in harmonischer Hackordnung

Auch in Bodenhaltungsbetrieben können Picken und aggressives Verhalten überhandnehmen – viele der Standard-Legehennen in Bodenhaltung sind dann womöglich in noch schlimmerem Zustand als ihre Artgenossinnen in der »ausgestalteten Käfighaltung«.

Die idyllischen Bilder auf den Eierkartons sind angesichts der Schargröße bei der Bodenhaltung eher Illusion als Wirklichkeit. Unterstützen Sie die Geflügelbauern, die nach hohen Standards streben und etwa Eier aus organischer Freilandhaltung produzieren und dementsprechend zertifiziert wurden, in Großbritannien etwa von der Soil Association. In Deutschland ist die ABCERT AG die größte Bio-Kontroll- und Zertifizierungsstelle; sie arbeitet auf der Grundlage der EU-Öko-Richtlinien. In der Bio-Hühnerhaltung liegt die Obergrenze der Hühnergruppe im Stall bei 3000 Tieren; an den Außenwänden müssen sich mehr Klappen befinden, um die Tiere zu ermuntern, jeden Tag im Freien umherzustreifen. Hier leben auch nur organische Legehennen, denen nicht schon als Küken am ersten Tag mit Infrarotlaser die winzigen, empfindlichen Schnabelspitzen weggebrannt wurden – eine in der Industrie übliche Maßnahme, um Aggression und Picken bei den erwachsenen Hennen zu unterbinden.

Bäume geben frei laufenden Hühnern ein sicheres Gefühl

Am liebsten kaufe ich Cacklebean-Eier, die auf der Cackleberry Farm in Gloucestershire gelegt wurden. Dort werden die Hühner in kleinen Gruppen in mobilen Hühnerställen gehalten, die von Feld zu Feld geschoben werden, um sicherzustellen, dass die Hühner ständig in frischem Gras herumpicken können, und große Klappen ermöglichen es den Tieren, jeden Tag in die Sonne hinauszulaufen. Die Legehennen werden auf der Farm ausgebrütet und aufgezogen, und die überzähligen Junghähne werden als gesonderte »Junggesellenschar« gehalten und laufen ebenfalls frei im Gras herum. Die Fotos von dieser in Familienbesitz befindlichen Farm wirken offen und ehrlich, es gibt keine Glanzfotos oder dumme Studioaufnahmen ihrer Hennen vor schwarzem Hintergrund, die den sterilen Eindruck von Luxushennen vermitteln sollen – stattdessen sieht man, wie die Hühnerställe wirklich aussehen. Die Familie entwickelte jedoch eine besonders hübsche Eierschachtel, die sich wie eine Mini-Schuhschachtel nach oben aufklappen lässt.

EINES DER VIELEN schlimmen Verbrechen, die gegen Hühner begangen werden, ist die stillschweigende Bemühung der Fabrikfarmer und Supermärkte, die Wahrheit zu verschleiern, wie unsere Nahrung produziert wird. Hinzu kommt, dass es von staatlicher Seite kein großes Interesse gibt, die Bürgerinnen und Bürger zu ermuntern, Nahrungsmittel selbst zu produzieren. Die Folge ist, dass es zwischen uns als Verbraucher und den landwirtschaftlichen Nutztieren so gut wie keine Verbindung mehr gibt.

Wie unser Lehrer damals in meiner Schulzeit in der Spring Street Schule auf die Idee kommen konnte, meine Klasse als »Klassenausflug« zum örtlichen McDonalds zu führen, weiß ich wirklich nicht. Doch nach diesem Besuch kehrten wir ins Klassenzimmer zurück und verbrachten den Nachmittag damit, unser eigenes Restaurant zu entwerfen – ohne jede Diskussion darüber, woher die Zutaten kamen, und natürlich wurde auch die Tatsache mit keinem Wort erwähnt, dass die Burger von Kühen und die Nuggets von Hühnern kamen.

Ich weiß noch, wie ich voller Stolz ein paar Eier, die meine ersten Hennen gelegt hatten, der Mutter eines Klassenkameraden schenken wollte. Und wie verwirrt ich war, weil sie die Eier nicht annehmen wollte – sie sagte, sie könne es nicht ertragen zu wissen, dass meine Hennen die Eier durch ihre Ärsche gedrückt hätten und dass sie Eier nur im Laden kaufe, damit sie nicht über solche Dinge nachdenken müsse. Ich war völlig verblüfft – und bin es noch heute.

Ich komme oft an diesen Puppenhaus-Neubauten vorbei, von denen Hucknall umgeben ist und die angeblich vor allem für meine Generation entworfen wurden. Aber ich sehe keine Grünflächen neben oder zwischen den Wohnblocks, nirgendwo wurde freier Platz gelassen, damit die Bewohner dieser neuen Wohnbezirke Hühner halten oder ihr eigenes Gemüse anbauen könnten. Für städtische Bevölkerungen gibt es weder Raum noch Anreiz, sich als Minibauern zu betätigen.

Noch immer fehlt es im Schulunterricht an Bildungsinhalten über Landwirtschaft oder wenigstens über gutes Kochen. Wie konnte es so weit kommen, dass dieses Wissen so unwichtig geworden ist? Die britische Bevölkerung verzehrt pro Jahr im Durchschnitt etwa 29 Kilogramm Hühnerfleisch pro Person (in Deutschland rund 13 Kilogramm). Sollten wir da nicht wenigstens unseren Kindern beibringen, wie man ein Brathähnchen zubereitet, das ein artgerechtes Leben hinter sich hatte, und wie man sämtliche Reste für Soßen und Suppen verwerten kann? Um ehrlich zu sein: Ich weiß selbst nicht so recht, wie man das macht, zumal ich selbst kein Hühnerfleisch esse. Gleichwohl könnte ich mir vorstellen, für meine Gäste eines meiner Hühner zu kochen oder zu braten. Aber nur, wenn ich genug Platz hätte, um große Masthühner wie Dorkings zu halten.

Wenn es die Bemühungen engagierter und begeisterter Lehrerinnen und Lehrer, der Eltern und die Besuchs- und Erlebnis-Bauernhöfe nicht gäbe, würden nur wenige Kinder aus Stadt und Land jemals etwas über die Landwirtschaft lernen können. Diese Lücke in unseren Bildungsplänen ist nicht nur für uns, sondern auch für unsere Nachkommen schädlich. Wenn wir

Menschen nichts mehr darüber wissen, wie Tiere, die wir später essen, auf unseren Bauernhöfen gezüchtet und gehalten werden und welche Gemüsearten gerade Saison haben, werden wir auch kein Verantwortungsbewusstsein für das Leben in unserer Umwelt entwickeln können. Das schadet nicht nur dem Tierwohl und der Bauernschaft, sondern wirkt sich auch negativ auf unsere individuelle Ernährung aus. Es kann dem eigenen Leben einen neuen Sinn geben, eigenes Gemüse anzubauen oder Tiere zu halten. Auch wir selbst werden wie eine riesige Schar Hühner durch diese schnelllebige Zeit getrieben – kein Wunder, dass uns immer mehr Therapeuten dazu raten, auch mal mit bloßen Händen im Boden zu graben oder selbst Tiere zu halten, um so etwas wie Achtsamkeit gegenüber der Natur zu erlernen. Dabei wäre es doch so einfach, von dieser Natur-Defizit-Störung wegzukommen, die ein krankhafter Zustand sein kann, etwa wenn er Kinder betrifft, die noch nie einen Vogel haben singen hören.

IM LAUFE MEINES LEBENS hat sich ein Zeitenwechsel ereignet, der allerdings sehr langsam verläuft. Inzwischen kann man in fast jeder Tierhandlung auch Futter und allerlei Dinge kaufen, die für die Hühnerhaltung im Hausgarten oder Hinterhof benötigt werden. Das Fernsehen trägt viel dazu bei, dass die Menschen heute ein gutes Leben führen wollen, und zumindest in England steht Hühnerhaltung ziemlich weit oben auf der Liste. Mit meinem Vater schaute ich oft nach den *Channel 4 News* die Fernsehserie *Escape to River Cottage*, in der der Starkoch Hugh Fearnley-Whittingstall ein Cottage in Dorset kauft und beschließt, eine Form der ländlichen Selbstversorgung zu verwirklichen, und sogar die Reality-Show *Big Brother* hatte einen Hühnerstall im Garten hinter dem Haus. Dann veränderte sich allmählich auch die Farbe der Eier im Verkauf. Das Nobelkaufhaus Harrods in London führte nun auch blaue und schokobraune Eier und installierte neben den Eierregalen einen Monitor, auf dem die Hennen live zu sehen waren. Schöne Hühner und ihre Eier wurden zu einem Gesprächsthema, und Madonna ließ sich von Tim Walker für das Modemagazin *Vogue* beim Hühnerfüttern hinter ihrem Haus in Wiltshire fotografieren.

Im Lauf meines Lebens kam es im Vereinigten Königreich auch zur größten Wiederbelebung der Hühnerhaltung in Hausgärten seit dem Zweiten Weltkrieg. In den Tierläden wurde Platz für Hühnerhaltungsprodukte geschaffen, während man noch vor zehn Jahren schräg angesehen wurde, wenn man nach solchen Dingen fragte – Blicke, an die ich mich nur zu gut erinnere.

Es gibt eine Hühnerrasse für jeden und jede mit genug Interesse, und dieses Interesse kann sich auf ganz unterschiedliche Eigenschaften der Hühner richten: Aussehen, Legeleistung, Unabhängigkeit, Flugfähigkeit, Brütigkeit, Sanftheit oder Freundlichkeit. Ich würde mir wünschen, dass alle, die Hühner halten wollen oder können, die reinrassigen und seltenen Züchtungen den Hybriden vorziehen, weil damit der Erhalt dieser Rassen gefördert wird, vielleicht auch die sehr niedrige Zahl ihrer Halter gesteigert werden kann. Aber Hybrid-Legehennen sind dennoch ein guter Einstieg in die Hühnerhaltung. Sie sind im Allgemeinen sehr tolerant auch gegenüber unerfahrenen Haltern und haben eine gute Legeleistung.

Die Hauptzeit für den Kauf von Hühnern ist zwischen Juli und Oktober, wenn im Frühjahr geschlüpfte Küken die Legereife erreichen und mit dem Eierlegen beginnen, was im Alter von ungefähr 18 Wochen der Fall ist. Viele Leute wollen Hühner im März kaufen, rechtzeitig vor Ostern oder wenn man sich wieder häufiger im Garten aufhalten kann. Aber Sie werden feststellen, dass dann das Angebot an reinrassigen Hühnern begrenzt ist, weil die Züchter von Rassehühnern ihre Junghennen vom Vorjahr längst verkauft haben und noch keine neuen Eier ausbrüten ließen, vor allem, wenn der Winter erst spät dem Frühling weichen will.

EINE HÜHNERSCHAR IM HAUSGARTEN

Zur Hühnerschar im Hausgarten oder Hinterhof sollten robuste, reinrassige Hennen mit einer reichen Federfarbenpalette gehören, die eine gute Zahl von wunderschön gefärbten Eiern legen. Sie haben ein eher zahmes Temperament und flattern nicht sehr oft, was vor allem für die bodenverbundenen, plumperen Rassen gilt, etwa die Wyandotten und die Marans. Leichtere Züchtungen wie die Legbars legen zwar besser, wollen aber auch häufiger über den Zaun flattern. Aber wenn Sie sich genug Zeit nehmen und viel mit Ihren Hühnern reden, damit sie Sie besser kennenlernen, werden sie stattdessen zufrieden direkt um Ihre Stiefel herum ihr Futter picken.

Es ist wichtig, den reinrassigen Vögeln genug Raum zu bieten. Ist der Raum begrenzt, können »sportliche« Übungen verhindern, dass die Hennen zu fett werden, denn dann wären sie nicht mehr so gesund und würden weniger legen. Wie alle Hühner werden sie sich besonders gern in einem Obstgarten oder in einem Buschwald aufhalten, sofern das Grundstück mit einem guten fuchssicheren Zaun umgeben ist. Auch in einem großen Garten oder in einem Schrebergarten, der genug Platz für einen guten Auslauf bietet, wird sich die Schar wohl fühlen.

Die Legeaktivität wird vom Frühling bis Mitte Sommer den Höhepunkt erreichen, kann aber bei einigen Züchtungen bis in den Herbst hinein anhalten. Dann legen die Hennen vernünftigerweise eine Pause ein, während sie sich mausern; so können sie ein langes und gesundes Leben führen.

Instinktgeleitetes Verhalten ist bei den alten Hühnerrassen stärker ausgeprägt als bei Hybridhühnern. Rechnen

Sie mit einer gewissen Brütigkeit, aber brütige Hennen lassen sich auch gern in einen separaten »Bruthennenstall« verlegen, wo sie ungestört auf ihren Eiern sitzen können, und werden gute, zuverlässige Kükenmütter sein.

LEGBAR Bei Rassehühnern wiegt das Aussehen oft schwerer als die Fähigkeit, eine ordentliche Zahl Eier zu legen – bei den Legbars ist das jedoch nicht der Fall. Diese Hühner sind nicht nur sehr nützliche, sondern auch besonders elegante Legehennen. Die Legbar-Henne stolziert wie eine diademgekrönte, selbstsichere Debütantin durch den Hof und legt eine gute Zahl zarthellblauer Eier. Die Cream Legbar und die Cotswold Legbar sind zwei verschiedene Zuchtlinien, aber im direkten Vergleich sieht man, dass sie praktisch identisch aussehen, obwohl die Rückenfedern bei den Cotswold-Hühnern ein wenig dunkler sind.

Die Züchtung hat eine schwierige Geschichte. Dass es das Legbar-Huhn überhaupt gibt, ist der Entschlossenheit des Entdeckers und Züchters Clarence Elliott zu verdanken. Elliott, ein leidenschaftlicher Sammler, war in Südamerika auf der Suche nach unentdeckten Pflanzen und exotischen Tieren für den Londoner Zoo, als ihm Hühner auffielen, die zu seiner Überraschung blaue Eier legten. Als er die Eier zum ersten Mal zu sehen bekam, hielt

Cotswold Legbar-Hennen

er sie fälschlicherweise für Enteneier, da er noch nie von blauen Hühnereiern gehört hatte. Drei Hennen und ein Hahn wurden Elliotts kostbarer Menagerie auf dem Schiff hinzugefügt. Doch der Schiffs-Küchenjunge begriff nicht, warum er den Hahn füttern musste, und brachte ihn deshalb in die Kombüse! So blieben die drei überlebenden Hennen auf dem Rest der dreimonatigen Reise leider allein, und weder damals noch später war ein Hahn verfügbar, um die Eier reinrassig zu befruchten. Viele Jahre lang wurden die überlebenden Hennen mit Leghorn- und Araucana-Hühnern gekreuzt, bis schließlich eine Zuchtvariante entstand, die wir heute unter dem Namen Legbar kennen.

Heute wird die Cotswold Legbar-Zucht von Philip Lee-Woolf auf seiner Hühnerfarm Legbars of Broadway geführt. Philip ist der einzige Züchter der Coltswold Legbar-Variante und liefert seine Junghennen persönlich in professionell gestalteten Kartonschachteln aus. Vor Kurzem wurde die Legbar mit der dunkelbraune Eier legenden Marans gekreuzt, woraus das Olivleger-Huhn entstand, das wunderschön gefärbte Eier legt. Möglicherweise werden Sie auch einer weiteren Zuchtlinie namens Fenton Blue begegnen, die auf der Fenton Farm in Devon gezüchtet wurde. Sie hat viel Legbar-Blut in sich, zeigt aber mehr pfirsichfarbene Federn.

Cream Legbar-Hahn

Es gibt eine heftige Debatte darüber, wie eine reinrassige Cream Legbar aussehen sollte. Sie sollte ein hellgraues Federkleid mit gelben Beinen haben, und meine Lieblingshennen zeigen auch einen guten Anteil von honigfarbenen Nackenfedern. Sie haben sehr schöne gefederte Schöpfe mit einem hellroten Kamm, der hin und her flappt, wenn sie gut legen.

Bei dieser Zuchtlinie ist das Geschlecht durch die sogenannte »Kennsperber-Eigenschaft« direkt zu erkennen: Weibliche Küken zeigen zwei deutliche Streifen auf dem Kopf; beim männlichen Küken sind die Streifen kaum zu sehen, stattdessen tragen sie einen hellen Fleck auf dem Kopf. Die weiblichen Küken schlüpfen mit einem bräunlichen Flaum und mit kakaofarbenen Augenringen; eine Gruppe frisch geschlüpfter Küken ist ein sehr schöner Anblick. Männliche Küken zeigen einen leichten Vanille-Farbton und wachsen zu eindrucksvollen, wenn auch etwas hochbeinigen Hühnerhofherren mit geschwungenen, wedelnden Schwanzfedern heran. Bei den Legbar-Hühnern zeigt sich der sogenannte Heterosiseffekt (auch Hybrideffekt genannt) auch darin, dass sich beide Geschlechter recht schnell befiedern.

Legbar-Hennen, vor allem die Junghennen, reagieren auf eine neue Umgebung leicht nervös, bis sie sich daran gewöhnt haben. Sie durchlaufen eine wilde Phase; mit ihren starken Flügeln und leichten Körpern können sie gut auf Bäume flattern, um dort zu schlafen. Aber wenn man sie ein paar Wochen lang bei Einbruch der Dunkelheit vom Baum geholt und in den Stall gebracht hat, werden sie ruhiger. An einem nassen Herbstabend ist das sicherlich keine sehr angenehme Aufgabe, wenn mehrere Junghennen beschließen, die Nacht in fünf Metern Höhe auf einem Maulbeerbaum verbringen zu wollen, aber wenigstens sind sie dort oben in Sicherheit.

Ich habe festgestellt, dass sich Legbars anderen Züchtungen gegenüber nicht fies verhalten. Sie sind eine gute Wahl, wenn Sie Legbar-Legehennen unter andere Hühnerzüchtungen mischen wollen, die zwar hübscher aussehen mögen, dafür aber faulere Legerinnen sind. Legbar-Hennen wissen den freien Auslauf zu schätzen, kommen aber auch gut mit kleineren Hühnerhöfen zurecht und werden auch nur selten brütig, was einen weiteren wichtigen Aspekt ihrer vielen Vorteile darstellt.

ARAUCANA Die Araucana ist eine häubchentragende, lebhafte und aufmerksame Henne. Ihr kleiner himbeerfarbener Erbsen-

Silberhalsige Araucana-Henne

Lavender Araucana-Henne

kamm versteckt sich oft in dem kleinen Federschopf. Sie legt zartblaue bis grünliche Eier. Der populärste Farbschlag dieser Zuchtlinie ist ein charakteristischer puderartiger Lavendelton, und alle Exemplare sehen mit ihren sehr individuellen Gesichtern sehr reizend aus – manche wirkten eher zahm und ruhig, andere zeigen manchmal eine nervöse oder leicht gereizte Miene. Die Zwerghuhnvariante ist viel weiter verbreitet als das Großhuhn.

Dieses Huhn war ursprünglich das wertvolle Haushuhn der Mapuche, auch Araukaner genannt, einer Gruppe indigener Einwohner in Südamerika. Vor den Araucanas gab es in Europa keine blauen Eier, von Enteneiern abgesehen, und in jeder anderen Zuchtart von Hühnern, die blaue oder grüne Eier legen, zeigt sich eine Verwandtschaft mit den Araucanas.

Außer der sehr populären Lavendelfärbung gibt es eine ganze Reihe weiterer Farbschläge. Als besonders schön gilt die Silberhalsige Araucana, die in der viktorianischen Zeit zwischen Kutschen und Pferden herumstolzierend sicherlich sehr passend gewirkt hätte. Die Araucana-Henne ist jedoch rumpflos, das heißt ohne Schwanzfedern und Schwanzwirbel, weshalb ich persönlich sie nicht sehr attraktiv finde – die Hühner sehen aus, als hätten sie sämtliche Schwanzfedern bei einer zu nahen Begegnung mit einem Fuchs verloren. Die armen Tiere haben außerdem geradezu lächerliche Ohrbüschel, die wie steife Backenbärte abstehen. Insgesamt sehen sie aus wie das schlimmste Ergebnis menschlicher Herumpfuscherei an der Natur.

Der Charakter der Araucanas ähnelt dem der Legbar-Hühner, sie sind jedoch womöglich noch ein bisschen wilder und am glücklichsten, wenn sie frei herumlaufen können. Die Hennen sind gute Mütter, neigen jedoch dazu, brütig zu werden, wenn sie gestört werden – allerdings ist das ein Vorteil, weil die Hennen bald wieder mit dem Eierlegen beginnen (natürlich nur, wenn Sie keine Küken haben wollen).

Welsumer-Hahn

WELSUMER Diese Rasse wurde ursprünglich in Holland gezüchtet; sie werden vor allem wegen ihrer wunderschönen terracottafarbenen Eier gehalten. Die Färbung wurde zuerst für einen Trick gehalten, da sich die dunkle Pigmentierung bei frisch gelegten Eiern abwaschen lässt. Die Hennen sind herrlich anzuschauen, weil ihr Federkleid alle möglichen Farbschläge von rost- bis kastanienbraun und schimmerndem Orange aufweist und sich am Hals goldene Halsfedern mit feinen schwarzen Streifen zeigen.

Welsumer-Hühner sind leider sehr scheu. Einmal wollte ich eine schöne Schar fotografieren, aber die Hennen weigerten sich, aus dem Stall zu kommen, solange ich mit meiner Kamera auf der Lauer lag.

Welsumer sind aber sehr aktive Hühner und gedeihen am besten, wenn sie viel Raum und weiten Auslauf haben. Die Küken sind niedliche kleine Flaumbündel mit Flecken, wie mit Königin Kleopatras Eyeliner gezogen. Lassen Sie sich von meinem Kommentar über ihre Schüchternheit nicht von ihnen abbringen! Kaufen Sie Junghennen und plaudern Sie mit ihnen, dann werden sie ihre Nervosität bald ablegen.

BARNEVELDER Diese Hühnerzüchtung ist nach der Stadt Barneveld in den Niederlanden benannt und stammt aus der renommierten niederländischen Tradition der Züchtung schöner Rassehühner, die besonders braune Eier legen. Das Huhn hat auffallende, schöne Federn, jede mit einer schwarzgrünen

Braun-schwarz-gesäumte Barnevelder-Henne

doppelten Saumzeichnung, die sich von dem glänzenden kastanienbraunen Federkleid abhebt. Das Tier ist plump und stabil gebaut wie eine Marans-Henne, hat aber ein fröhlicheres Gesicht und ist keineswegs scheu wie ein Welsumer-Huhn.

Zwar sind die Marans und die Welsumer wegen ihrer braunen Eier berühmt, aber auch die weniger bekannte Barnevelder-Henne legt dunkelbraune Eier, die allerdings im Verlauf der Legeperiode heller werden. Dieses Huhn wurde einst als gute Legehenne für die Hinterhof-Hühnerhaltung gepriesen, sollte aber eher als gute Zweinutzungsrasse gehalten werden. Auch braucht es genug Auslauf, damit es nicht träge wird und seine Kondition verliert.

MARANS Das ist die klassische gesprenkelte Henne und vermutlich die bekannteste französische Züchtung, was ihren schokobraunen Eiern und den prächtigen Macho-Hähnen zu verdanken ist. (Der Name ist auch im Singular immer Marans, nicht Maran, da die Rasse nach der französischen Stadt Marans benannt wurde.) Der in Frankreich und England anerkannte »Kuckuck«-Farbschlag diente zur Züchtung der gesprenkelten Hybridhühner, die jedoch keine wirklich dunkelbraunen, sondern eher normal braune Eier von guter Größe legen (und gelegentlich wird eine der Hennen passenderweise auch ein gesprenkeltes Ei legen). Ursprünglich hatten die gesperberten »Kuckuck«-Marans auffällig gefiederte Läufe, was aber weggezüchtet wurde, als den Briten die anderen Qualitäten auffielen und sie eine Henne züchteten, die nicht nur schöne Eier legt, sondern auch ein hervorragendes Fleischhuhn abgibt.

Gesperberte Marans-Henne

Zwar ist das gesperberte Marans der berühmteste Typus, doch legen die schwarz-kupferfarbigen und die weizenfarbigen Marans die dunkelsten Eier. Die kupferfarbige Marans weist noch immer eine leichte Beinbefiederung auf und die Junghähne sind absolut fantastisch. Auch die Blaue Marans hat ein wunderschönes Federnkleid.

Marans können recht träge Legehennen sein – es war daher eine gute Idee, sie mit einer leistungsfähigeren Henne wie der Burford Brown zu kreuzen. Sie sind in einem Garten-Hühnerhof glücklich, müssen aber fit gehalten werden, weil sie sonst sehr schnell zu viel Gewicht zulegen. Hängen Sie daher Grünfutter und Samenstände über Kopfhöhe auf – S-förmige Haken sind dafür gut geeignet –, damit die Tiere hochflattern oder -springen müssen, um heranzukommen.

Marans geben gute brütige Hennen ab und können ein gutes Gelege bebrüten. Mit erwachsenen Hähnen müssen Sie mitunter streng umgehen, weil sie sonst zu frech zu Ihren Stiefeln werden. Sie sind für ihre starken Zehen und scharfen Sporen bekannt, mit denen sie durchaus Verletzungen zufügen können – darauf sollten Sie achten, wenn Sie kleine Kinder in der Nähe haben. Nehmen Sie den Hahn jeden Tag auf den Arm, herzen Sie ihn ein wenig und setzen Sie ihn dann wieder ruhig ab, um ihm seine Aggressivität Ihnen gegenüber abzugewöhnen.

Weizenfarbige Marans-Henne; blau-kupferfarbige Marans-Henne; schwarz-kupferfarbige Marans-Henne

DORKING Die Dorking wird als eine der ältesten reinrassigen Hühnerarten angesehen. Der bekannteste und beliebteste Typ ist die silbergraue Dorking, aber es gibt auch andere, seltenere Farbschläge. Die Henne legt weiße Eier, was ein Hinweis auf ihre historische Herkunft ist, denn im Allgemeinen haben alle Hennen, die weiße Eier legen, ihren Ursprung im oder um den Mittelmeerraum. Die Hennen zeigen eine gute Legeleistung, wenn man bedenkt, dass es sich um eine alte Züchtung handelt, und es wäre schön, wenn sie öfters gehalten würden.

Silberhalsige Dorking-Henne

Die Römer brachten das ursprüngliche Dorking-Huhn nach England; die Rasse ist schon in der Antike sogar bis um das Jahr 30 in einem Werk des römischen Schriftstellers Columella dokumentiert, der den hohen Fleischansatz und Geschmack des Dorking-Huhns beschrieb. Optisch ähnelt die Dorking-Henne mit ihrer rechteckigen Körperform einer Bratform; die Hennen werden fast so groß wie die Hähne.

Die Hühnerrasse wird jedoch nicht nur gehalten, um wie etwa ein plumpes modernes Broiler-Huhn schnell Gewicht zuzulegen, statt durch Bewegung viel Energie zu vergeuden. Vielmehr ist sie eine robuste Henne, die es liebt, überall umherzustreifen. Sie hat zwar große Flügel, wird aber nicht als besonders flugfreudig angesehen.

Diese Hühnerart hat einen fünften Zeh, und es ist wichtig, sich zu vergewissern, dass diese Besonderheit bei der Zucht der Vögel immer vorhanden ist. Die Dorking hat aufgrund ihrer ungewöhnlichen und wichtigen Geschichte wie auch ihrer vielen Vorzüge treue Förderer, darunter vor allem die bekannte, auf Geflügel spezialisierte Veterinärin Victoria Roberts, die als eine der renommiertesten Expertinnen dieser Hühnerrasse gilt und auch Sekretärin des Dorking Club ist.

Schwedisches Blumenhuhn

SCHWEDISCHES BLUMENHUHN Ist es nicht wundervoll, das Wort Blume im Namen einer Hühnerart zu haben? Das Schwedische Blumenhuhn zeichnet sich durch ein besonders vielfarbiges, »blumiges« Gefieder aus, daher sein Name. Seine Federn sind gesprenkelt, so ähnlich wie bei den »Cuckoo«-Marans, aber dunkler an der Basis, und die Grundfärbung ist ein schönes Sandbeige oder heller Vanilleton, gefleckt mit einer sehr unterschiedlich intensiven Schwarztönung. Das Muster des Gefieders verändert sich mit dem Wachstum und ist auch bei den einzelnen Tieren unterschiedlich. Infolgedessen bietet eine Schar dieser Hühner einen herrlichen Anblick – auch wenn er selten ist, weil diese Hühner nicht sehr oft als Schar gehalten werden.

Trotz ihres Aussehens wurden die Tiere nicht für die Ausstellungen gezüchtet – und werden dort auch nicht präsentiert –, sondern als gute, traditionelle Legehennen, die sich ihren jeweiligen örtlichen Bedingungen gut anpassen und robust genug sind, um den harschen nordischen Winter zu überleben. In den 1970er-Jahren gab es nur noch drei Höfe in Schweden, die die letzten Blumenhühner hielten. Inzwischen konnte die Rasse vom Aussterben bewahrt werden; sie ist heute in ihrem Herkunftsland wieder sehr viel populärer und wird auch von einigen britischen Liebhabern gehalten. Wenn Sie zum Erhalt dieser Hühnerart beitragen wollen, können Sie mit einer guten Legeleistung von cremefarbenen Eiern rechnen; die Hennen sind gutmütig und sehen auch sehr schön aus.

VORWERK Diese hübsche rötlich-braune Henne hat auffällige schwarze Nackenfedern und legt cremefarbene Eier. Der tieforangene Farbschlag wird mit zunehmendem Alter intensiver. Es ist eine deutsche Züchtung, aber ihr Name hat nichts mit der gleichnamigen deutschen Staubsaugermarke zu tun. Die

Vorwerk-Henne

Hühnerart wurde im Jahr 1900 von Oskar Vorwerk vorgestellt; Zuchtziel war eine Henne mit dunklerem Federkleid, damit der Schmutz auf den Federn nicht so gut zu sehen war. Nach dem Zweiten Weltkrieg war die Art fast verschwunden und ist auch heute leider recht selten, obwohl sie es wert wäre, in einem großen Hühnerhof oder einem Kleinbauernhof gehalten zu werden.

Die Hühner sehen mit ihren hellroten Gesichtern und den weißen Ohrscheiben immer adrett und reizend aus. Sie sind gute Legerinnen und haben ein ruhiges Gemüt, können aber auch über niedrige Mauern fliegen. Die Hähne zeigen den gleichen Farbschlag wie die Hennen und sind bekannt dafür, dass sie sich besonders gut mit anderen Hähnen vertragen. Dennoch sollte man jeden Hahn mit einem Harem umgeben, damit bevorzugte Hennen nicht übermäßig bedrängt werden.

Gelbe Orpington-Henne

ORPINGTON Diese großen, gutmütigen Hennen stehen auf kurzen Beinen, die unter dem sehr bauschigen Untergefieder fast verschwinden, das beinahe bis zum Boden hängt. Jedes Mal, wenn der Zug nach London in Orpington hält, kommen mir diese Hühner in den Sinn. Sie wurden in den 1880er-Jahren diesem Teil von Kent von Willam Cook auf seiner Farm in St. Mary Cray gezüchtet, etwas weiter als 20 Kilometer von London entfernt. Auf freundlichen Anzeigen aus den 1930er-Jahren ist zu lesen, dass man Besucher, die sich rechtzeitig schriftlich oder telefonisch anmeldeten, gerne am Bahnhof abholen werde.

Die Gelbe Orpington ist aufgrund ihres mandarinefarbenen Farbschlags und der üppigen Figur sehr bekannt. Die sanft umher tapsenden, freundlichen Hühner sind in einem großen Hof oder Garten leicht zu halten, wenn Sie Hühner primär wegen ihres Aussehens und weniger wegen ihrer Legeleistung halten. Denn Orpington-Hennen waren einst gute Legerinnen, aber jahrelanges Weiterzüchten richtete sich vor allem auf ihr Aussehen bei Ausstellungen, sodass sie heutzutage nicht mehr als hart arbeitende Legehennen angesehen werden. Dennoch wird eine Orpington-Henne in den ersten Legeperioden recht gut legen, solange man nicht zulässt, dass sie fett und träge wird. Sie ist ein zutraulicher Vogel, vor allem in jungen Jahren, und kann sich gegen Pickangriffe nicht sehr gut wehren, deshalb tun Sie gut daran, ihre Schwestern in einer gemischten Schar sorgfältig auszuwählen. Robustere Hühnerrassen neigen manchmal dazu, ruhigere Rassen wie die gutmütige Orpington zu schikanieren, wenn sie begrenzten Platz mit ihnen teilen müssen.

Die Rasse wurde durch Francine Raymond, eine Pionierin der Garten-Hühnerhaltung, berühmt gemacht. Ihre große Schar von Gelben Orpingtons wanderten überall in ihrem Küchengarten herum, in dem die Pflanzen durch Weidehauben geschützt waren, und wurden oft für Lifestyle-Magazine fotografiert. Auch heute noch ist Francine den Orpingtons treu geblieben, hält jedoch jetzt die Zwerghuhn-Variante, die einen auffälligen gelb-schwarzgesäumten Farbschlag zeigt und in einem kleinen Garten leichter zu halten ist als das Großhuhn.

Mit ihren rundlichen, bauschigen Körpern können die Orpington nicht gut fliegen, wodurch sie gut für die Gartenhaltung geeignet sind, auch wenn sie einen enormen Appetit auf die saftigen Blätter von Kräuter- oder Staudenpflanzen haben. Das lässt sich zwar von jeder Henne sagen, aber aufgrund ihrer kurzen Läufe werden Orpington-Hühner in der Regel weniger Scharrschäden verursachen.

Gelb-schwarzgesäumte Orpington-Zwerghenne

Braun-porzellanfarbige Orpington-Henne

Orpington-Hennen werden leicht brütig, was recht lästig ist, sofern man keine Gluckhenne haben will. Behalten Sie daher brütende Hennen immer im Auge, um sicherzustellen, dass sich in den üppigen Federn keine Milben und Läuse einnisten, während sie bewegungslos dasitzen, wie große, weiche Kissen, statt zufrieden ihr Staubbad zu genießen.

Wer Orpington-Hühner hält, ist gut beraten, die Hähne nicht das ganze Jahr mit der Schar zusammen sein zu lassen, weil der Paarungsakt das Aussehen der Hennen ruinieren kann. Die großen Klauen der Hähne können leicht die weichen Federn der Hennen zerbrechen und sie in einem reichlich zerfledderten Zustand zurücklassen. Es gibt jedoch Hühnerschürzen oder -sättel aus Stoff, die den Hennen während der Paarungszeit ein wenig Schutz bieten.

Wer Orpington-Großhühner statt der Zwergvariante hält, sollte dafür sorgen, dass die Ausflugsklappe des Stalls groß genug für eine ausgewachsene Henne ist. Es würde ihnen nicht gefallen, auf Zehenspitzen eine steile Hühnerleiter zu ihrer Ruhestange klettern zu müssen; eine breitere, sanft geneigte Rampe, wie sie für Enten gebräuchlich ist, könnten diese Hühner viel leichter bewältigen. Auch wenn die Hühner vielleicht gar nicht auf der Stange ruhen wollen, sollten Sie sie dazu ermuntern, statt sie in den Nistkästen ruhen zu lassen, weil dann Eier zerbrechen oder verschmutzt werden können. Sie müssen dafür nur die Öffnungen der Legekästen blockieren, bevor die Hennen zum Legen hineingehen.

Zwar genießt die Gelbe Orpington viel Aufmerksamkeit, aber auch die erst kürzlich gezüchtete Lavendel-Orpington wird immer beliebter. Sie können auch weiteren Farbschlägen begegnen, etwa blau, weiß, schwarz oder gold- beziehungsweise gelbgerändert. Die braun-porzellanfarbige Orpington, gezüchtet zur Feier von Königin Victorias Thronjubiläum, ist nicht sehr oft zu sehen. Ein späteres Mitglied der königlichen Familie, die verstorbene Königinmutter Elizabeth, war Liebhaberin der Gelben Orpington und Patronin des Zuchtclubs. Der Ursprungsfarbschlag der Orpington ist schwarz mit dunklen, ruhigen und faszinierenden Augen und einem wunderbaren grünlichen Schimmer der Rückenfedern. Es heißt, der schwarze Farbschlag sei erwünscht gewesen, um den Dreck und Ruß Londons im viktorianischen Zeitalter zu verbergen.

WYANDOTTE Der kompakte, kleine Körper der Wyandotte trägt das am schönsten gesäumte Federkleid. Es gibt sie in rund 30 Farbschlägen. Sie sieht aus, als trüge sie eine dicke Steppjacke; tatsächlich ist sie ein winterharter Vogel. Ursprünglich stammt sie aus den USA. Ihr Name wird vom Stamm der Huronen abgeleitet, die sich selbst Wyandot nennen. Sie wurden durch Kreuzung mehrerer anderer Rassen gezüchtet. Die schwarze Säumung ist dem Einfluss des Sebright-Zwerghuhns zu verdanken. Der erste standardisierte Farbschlag war die himmlische silber-schwarzgesäumte Wyandotte. Sie ist noch immer die schönste Unterart, aber diese Hennen sehen unter all dem Gelbbraun und Braun einer gemischten Schar ein wenig verloren aus. Unter Legbars und gesperberten Marans sehen sie ein wenig schicker aus, aber am besten mischt man sie unter Hamburg- und Appenzeller-Hühner. Der schwarz-goldgesäumte Farbschlag ist wunderbar und das rebhuhnfarbige Huhn hat die perfektesten Federn von allen, aber am meisten nachgefragt wird ein neuerer Zuchttyp,

Silberfarbig-gebänderter Wyandotte-Hahn

Silberfarbig-gebänderte Wyandotte-Henne

die Blaugesäumte Wyandotte, bei der jede Feder glänzendes Braunrot mit schieferblauem Saum zeigt. Befruchtete Eier dieses Farbschlags kosten oft ein kleines Vermögen.

All diese Typen haben einen kleinen Rosenkamm und helle Gesichter. Auf ihren kleinen gelben Läufen eilen sie geschäftig umher. Die Zwergvariante ist populärer als das Großhuhn, und auch ich meine, dass sie in ihrer Miniaturform am besten aussehen. Die Hennen sind sehr gute Legerinnen und lassen sich in einem Gartenhühnerhof gut halten. Eine kleine Warnung: Als Bruthennen können sie extrem stur und sehr launisch sein.

EIN GLÜCKLICHES ZUHAUSE

ICH WILL DIE HÜHNERHALTUNG nicht als übermäßig kompliziert, schwierig und lästig darstellen. Aber es gibt doch gewisse Dinge, über die man sich im Klaren sein muss. Vor allem muss man herausfinden und stets darauf achten, was die Hühner mögen, welche Gewohnheiten sie haben, wovor sie sich ängstigen und was sie in ihrem Leben besonders gern tun. Nur dann kann man sie wirklich hegen und pflegen.

Hühner entwickeln schon bald einen starken Heimkehrinstinkt. Wenn Sie neue Hühner nach Hause bringen, sollten Sie sie zunächst in den Hühnerstall einsperren, und zwar für mindestens 24 Stunden, um das neue Zuhause fest in ihrem Bewusstsein zu verankern. Eine Henne wird normalerweise immer zum selben Nest und zur selben Schlafstange zurückkehren wollen, auch dann, wenn sie völlig frei herumlaufen kann. Hühner sind Gewohnheitstiere, denen ein relativ enger Lebensraum ein Gefühl von Sicherheit gibt. Diese Eigenschaft ist tief in ihren Instinkten verankert; sie machte es überhaupt erst möglich, wilde Dschungelhühner zu Haushühnern zu zähmen.

Ich bin wie meine Hennen. Ich mag das, was vertraut und sicher ist, zu Hause oder im Garten in meiner eigenen kleinen Gedankenwelt. Zu Hause zu sein entspricht genau meiner Vorstellung von einem guten Leben. Ich will hier sein und hierbleiben, hier habe ich die Luft zum Atmen, die ich brauche. Ich will nicht in irgendeinem Flugzeug sitzen, während sich jemand anders um meine Girls kümmert! Damit dieses harmonische Bild entstehen kann, ist Fürsorglichkeit nötig, die sich auch auf mich auswirkt.

Und deshalb dreht sich für mich wie auch für meine Hennen alles um die gewohnte Routine, die tägliche gebetsartige Verrichtung, etwa wenn ich morgens die Auslaufklappe öffne. Die Vögel stürmen hinaus, rangeln ein wenig, drängen an die frische Luft und wollen mit ihrem Tagwerk beginnen. Man wird nie müde, diesen morgendlichen Energiesturm der kleinen, aufgeregten Geister freizusetzen – welche Vitalität sie ausstrahlen! Könnte man doch nur das Glück dieser Hühner in kleine Flakons füllen, man hätte die Formel für ein bahnbrechendes Elixier gegen Depressionen gefunden! Wir alle würden glücklich herumflattern, voller Freude, schon beim ersten Morgenlicht ins Freie zu gelangen, statt den Kopf kaum vom Kissen heben zu wollen. Statt vom grauenhaft schrillen Ton des Weckers und den aus dem Radio plärrenden Weltuntergangsnachrichten könnten wir uns wie in früheren Zeiten vom ersten Hahnenschrei wecken lassen, begleitet vom Geräusch seiner Brustschläge, wenn er wie ein kleiner Gorilla mit den Flügeln gegen seinen seidig glänzenden Federwams schlägt.

Das ist der Soundtrack des Lebens, nach dem ich mich sehne und den ich brauche. Und deshalb ist dieses Buch eine Hommage an das wunderbare Gefühl, Hühner zu haben und zu erzählen, wie man ihnen ein glückliches Leben ermöglicht.

DAMIT SICH HUHN UND MENSCH erfolgreich zusammenfinden können, ist es wichtig zu lernen, wie man sich der Hühnerhaltung nähert und sie praktisch ausübt. Das gibt auch den Hühnern das Gefühl, ihrem Halter vertrauen zu können.

Hennen einzufangen, vor allem solche, die nicht daran gewöhnt sind, in den Händen gehalten zu werden, sollte am besten abends erfolgen, wenn sie auf ihren Schlafplatz zurückgekehrt und ruhig sind. Jagen Sie niemals Hühner tagsüber durch den Hühnerhof, das bewirkt nichts als Stress für alle Beteiligten.

Am besten ist es, die ausgewählten Hühner in ihrem Auslauf einzusperren und ihnen eine Extraration Mischfutter anzubieten.

Eine Henne auf dem Arm zu halten ist etwas, das Sie im Laufe der Zeit gut lernen werden. Um ihr ein sicheres, unaufgeregtes Gefühl zu geben, halten Sie sie mit einer Hand fest und stützen ihr Gewicht, indem Sie ihren Körper auf ihrem Unterarm ruhen lassen. Auf diese Weise haben Sie eine Hand frei. Niemals dürfen Sie ein Huhn an einem Flügel oder einem Bein packen, weil es dabei leicht verletzt werden kann, und Sie sollten auch nie bei den Füßen mit dem Kopf nach unten halten. Wenn eine Henne spürt, dass sie zu fest gegen Ihren Körper gedrückt wird, wird sie sich heftig wehren, um wieder freigelassen zu werden.

Wie man einen gackernden Dudelsack richtig hält

ES GIBT ZWEI HAUPTARTEN von praktischen, kleinen Hühnerställen. Die eine Art ist die traditionelle Arche, der Typus, den ich für meine ersten Hühner besaß und der für drei bis fünf durchschnittlich große Legehennen oder Zwerghühner ausreicht. Bessere und neuere Bauarten sind ein wenig höher, was bedeutet, dass man sich nicht so tief bücken muss, wenn man den Stall ausmistet. Das vorherrschende Design sieht wie ein kieloben liegendes Boot aus, hat ein dreieckiges Dach und lässt sich relativ leicht im Garten bewegen, sofern die Grundstücksgröße es zulässt. So kann sich das Gras oder der Boden jede Woche ein wenig erholen. Aber natürlich ist das regelmäßige Verschieben des Stalls in kleinen Gärten schwieriger.

Die Arche gibt den Tieren sowohl Freiheit als auch Schutz. Sie können draußen frei auf dem dazugehörenden Hühnerhof herumlaufen, können aber auch sicher eingeschlossen werden, wenn Sie nicht zu Hause sind oder wenn die Vögel aus anderen Gründen eingesperrt werden müssen, etwa bei einem Ausbruch der Vogelgrippe. Auf Rädern lässt sich die Arche leichter verschieben, sodass die Hennen immer wieder auf frischen Boden gebracht werden können.

Die Form der Arche ist für größere Vögel allerdings nicht optimal (sofern es sich nicht um ein sehr großes Modell handelt), weil sich Hühner mit hohen Kämmen darin Verletzungen zuziehen können. Für Zwerghennen ist die Arche jedoch gut geeignet, wie auch für Mutterhennen und ihre Küken. Ich habe auch schon eine Bauart gesehen, bei der sich der gesamte Lege- und Ruhebereich oberhalb des Stallbodens befand; die Hühner gelangten über eine Leiter hinauf. Dieses Modell würde sich für zwei Hybride oder ein Trio von Zwerghühnern eignen.

Während die Arche für mich als Neuling mit einer sehr kleinen Zahl von Hühnern gut passte, ist ein größerer Bautyp des Hühnerstalls für die meisten Halter besser geeignet als eine Arche. Der höhere, größere, viereckige Stall bietet mehr Raum und einen außen befindlichen Ruheplatz für die Hennen. Auch sieht der Stall besser aus und bietet Raum für drei bis neun Hennen, um tagsüber scharren, ruhen und herumflattern zu können. Gut konstruiert und am richtigen Platz aufgestellt, bietet der Hühnerstall guten Schutz gegen das Wetter und gegen Räuber. Auch Ratten können darunter nicht lauern. Das solide Dach ermöglicht es auch, die Hennen bei einem Ausbruch von Vogelgrippe in Bio-Sicherheit zu halten, da sie dann vorschriftsmäßig im Stall oder unter einem überdachten Auslauf gehalten werden müssen. Die Überdachung muss jedoch so beschaffen sein, dass kein Wildvogelkot hineinfallen kann.

Zum Bau von speziell gefertigten Hühnerställen gibt es auch Alternativen. Mit handwerklichem Geschick können Sie auch ein kleines Gartenhaus oder einen Geräteschuppen entsprechend umbauen, wobei Sie sich Fertigställe als Modell nehmen können, wenn Sie die nötigen Nistkästen und Schlafstangen konstruieren und, falls möglich, auch einen angebauten Auslauf hinzufügen wollen. Das ist vor allem dann sinnvoll, wenn Sie eine größere Zahl Hühner halten wollen. Beim Bau sollten Sie auch bedenken, dass schwere Züchtungen Hühnerleitern nicht mögen.

Wie auch immer Sie Ihr Hühnerhaus gestalten, achten Sie darauf, dass die Vögel so viel Raum wie möglich bekommen, damit sie auch draußen herumlaufen können, denn nur so werden sie wirklich glücklich und zufrieden sein. Sie können den Auslauf um den Hühnerstall mit einem Zaun eingrenzen oder überlegen, ob Sie den ursprünglichen Auslauf vergrößern wollen. Das lässt sich mit Volierendraht oder Sechseck-Maschendraht kostengünstig und doch gut machen. Auch kann man die Metallrahmen von Obstkäfigen mit dichtem Maschendraht marder- und fuchssicher machen, statt die Kunststoffnetze zu verwenden, mit denen sie normalerweise bespannt werden.

Im Hühnerhof können auch alte Gartenstühle aufgestellt werden. Die Hennen werden sie tagsüber gern als Ruheplatz nutzen. Jungvögeln wird es Spaß machen, auf die Stühle und wieder herunter zu flattern. Auch dicke Äste und Baumstämme werden freudig genutzt. Doch trotz des Hypes, der darum gemacht wird: Ich habe noch nie beobachtet, dass ein Huhn eine dieser Plastik-Hühnerschaukeln benutzt hätte. Sie haben nun mal keine Füße wie Kanarienvögel, mit denen sie sich sicher an die Schaukelstange klammern könnten. Hühner bevorzugen eine stabilere Sitzstange.

Wegen der Ratten sollte ein Hühnerstall niemals direkt auf der Erde stehen. Er sollte so weit wie möglich erhöht sein. Ratten genießen es offenbar, heimlich einen Tunnel unter den Hühnerstall zu graben und lassen sich dabei nicht gern stören. Und sie spüren gern etwas Festes über ihrem Rücken.

Denken Sie auch an Ihren eigenen Rücken, wenn Sie ein Hühnerhaus aussuchen oder selbst bauen wollen. Es ist weitaus angenehmer, wenn das Ausmisten und Eiersammeln oberhalb der Hüfthöhe erfolgen kann. Wenn das Hühnerhaus ein Stückweit über dem Erdboden erhöht steht, wie es bei einem volierenartigen Hühnerstall der Fall ist, können die Hennen den Raum darunter auch als Auslauf benutzen.

Der Boden eines Hühnerstalls sollte immer aus massiven Holzbohlen oder -dielen sein, nicht aus Latten oder gar aus Drahtgeflecht, damit keine Zugluft von unten durch die Zwischenräume in den Stall eindringen kann, wodurch die Hennen

Eine erhöhte Arche bietet Hühnern und Zwerghennen eine sichere Unterkunft

bei ihrer Nachtruhe stark durchgekühlt würden. Die Ventilation wird oft vergessen, es ist aber sehr wichtig, für einen sanften Luftstrom oberhalb der Schlafplätze zu sorgen, damit es den Hennen weder zu warm noch zu kalt wird.

Für die winzigen Zwerghühner genügt es, einen stabilen Kaninchenstall auf einen Gartentisch zu stellen. Der genügt ihnen völlig und lässt sich auch ganz bequem säubern. Aber natürlich werden auch die kleinsten Zwerghühner eine Schlafstange und einen Auslauf brauchen.

Nistkästen sollten so dunkel wie möglich und viel tiefer als die Schlafstange aufgestellt sein. Andernfalls würden Hennen darin schlafen und nicht nur das Nistmaterial, sondern auch die Eier würden durch die nächtlichen Ausscheidungen verschmutzt.

HALTEN SIE IHRE HÜHNERSCHAR an einer Stelle im Garten, die Sie vom Haus aus gut sehen können; verbannen Sie sie nicht in die hinterste Gartenecke, sondern präsentieren Sie den Hühnerhof gut sichtbar auf Ihrem Grundstück. Sie sollten nicht nur an die Funktionalität des Hühnerstalls denken, sondern auch an seine Ästhetik. Für einen kleinen Garten ist so ein Stall ein ziemlich großes Gebäude und sollte daher attraktiv aussehen. Mir persönlich ist ein schöner alter Gartenschuppen mit seinen verwitterten Holzwänden allemal lieber als ein Hennenhaus aus Plastik in grauenhaftem Rosa, Lila oder Grün, das wie ein Ausschussmöbel von IKEA aussieht. Nichts würde mich je dazu bringen, mir so etwas anzuschaffen; was Hühnerställe angeht, bin ich ein überzeugter Traditionalist. Als ich noch klein war, bedeckte ich meine Arche und den kleinen Auslauf mit einer hässlichen blauen Plastikplane, die von Dads Bauarbeiten übrig geblieben war. Das schützte zwar die Hennen, sah aber wirklich trostlos aus und lenkte den Blick unvermeidlich auf den Hühnerauslauf in der Gartenecke. Heutzutage benutze ich eine dicke Abdeckplane, wie sie auch im Gartenbau verwendet

Traditioneller Hühnerstall für Federfüßige Zwerghühner in Rousham, Oxfordshire

werden, um die Hennen gegen die Elemente zu schützen. Ihre dunkelgrüne Farbe passt gut zur Gartenumgebung, sodass Sie sich nicht jedes Mal ärgern müssen, wenn Sie aus dem Küchenfenster blicken.

Seidenhühner an einem erhöhten Futtertrog

Futterautomaten aus rot-weißem Plastik haben in einem schönen Garten nichts zu suchen. Sie schreien förmlich »Hühnerfabrik«. Wenn Sie knapp bei Kasse sind, können Sie die roten Teile auch weiß einsprühen, sodass sie weniger auffällig sind. Ansonsten sollten Sie sich gleich von Anfang an für die stabileren und schöneren verzinkten Futterautomaten entscheiden. Im Winter friert das Wasser in metallischen Tränken manchmal über Nacht vollkommen zu, weshalb Sie jeden Morgen das Eis in den Trinkrinnen mit ein wenig heißem Wasser auftauen müssen. In dieser Zeit ist ein Wechsel zu Plastikschalen weitaus einfacher, weil man das gefrorene Wasser als Eisblock leichter herausnehmen kann. Da es in England selten schneit, sind die Hennen dort an Schnee nicht gewöhnt; all das Weiß wird sie vielleicht ein wenig verwirren. Ein überdachter Auslauf ist daher besser für sie, weil so der Boden schneefrei bleibt. Gegen Wind und Regen lassen sich die Hühner besser schützen, wenn man Abdeckplanen auch an die Seitenwände des Stalls und an die Pfosten des Auslaufs nagelt.

ICH MAG ES, wenn meine Hennen sauber aussehen und gut riechen und behandle sie eher wie Pferde, indem ich jeden Tag ihren Mist von den Bodenbrettern fege. Wenn Sie diese Reinigungsarbeit nicht vernachlässigen, werden Sie jeden Morgen vom Anblick flauschiger und aufgefrischter Nistkästen begrüßt, sobald Sie die Tür Ihres Hühnerstalls öffnen – und statt scharfem Ammoniakgestank und einer Wolke von Fliegen wird Ihnen ein guter Geruch entgegenwehen. Manchmal werde ich gefragt: »Wie kommt es, dass Ihre Eier so sauber sind? Waschen Sie sie?« Aber das muss ich nie, weil meine Hennen ihre Eier in sauberen, kotfreien Nistkästen auf schönes, frisches Stroh legen.

Ein Tapetenschaber ist ein gutes Weihnachtsgeschenk für jeden Hühnerhalter. Es verschafft mir eine fast krankhafte Genugtuung, mit einem solchen Schaber den ganzen eingetrockneten Hühnermist von den Ruhestangen und von der Hühnerleiter vom Auslauf zur Stallklappe zu kratzen. Denn der Kot verkrustet sehr schnell, vor allem an den Seiten der Hühnerstangen, an die sich die Hennen beim Schlafen klammern. Es ist, als würde man hartes Wachs wegschaben, bis man endlich wieder die Holzmaserung sieht. Fegen Sie den abgeschabten Mist gründlich zusammen, damit der Stall immer frisch und sauber bleibt. Vielleicht habe ich es früher ein bisschen zu weit getrieben, als ich einen alten Staubsauger aus dem Keller holte und mit dem schmalen Saugvorsatz auch den letzten Flaum und Dreck aus den Ecken des Stalls saugte. Aber was für eine zeitsparende und befriedigende Operation das doch war – meinen größten Dank den Erfindern des Staubsaugers und des Verlängerungskabels!

Wann ist die beste Zeit, den Stall auszumisten? Die tägliche Reinigung kann jederzeit erfolgen – für mich gehört sie längst zum morgendlichen Ritual. Eine Vollreinigung sollte jedoch bis zum Nachmittag abgeschlossen werden, damit keine scharfen Dämpfe mehr zu riechen sind, wenn die Hennen zu ihren Ruheplätzen zurückkehren. Das ist schwieriger, wenn gerade alle Hennen legen wollen – denn normalerweise legen sie die Eier vormittags zwischen 10 und 13 Uhr, und ein paar Hennen werden immer ein wenig später in die Nistkästen kommen. Aber was sein muss, muss sein, auch wenn diese Nachzüglerinnen verärgert gackern, während Sie den Stall putzen.

Mein Hühnerhaushalt-Management wurde sehr stark von den Methoden beeinflusst, die im Hühnerhof von Schloss Chatsworth und auch in dem meiner sehr guten Freundin Jac üblich sind. Auf Jacs Instagram-Seite sah ich, wie sie den Innenwänden ihres Hühnerstalls einen Neuanstrich verpasste. Das ahmte ich nach und strich die Wände und Ruheplätze der Hühnerställe mit schnell trocknender weißer Gartenfarbe. So sieht der Hühnerstall auch innen so schick und hell und luftig aus, als wäre er von einer Innenarchitektin geplant worden. Wenn ich Zeit dafür habe, mache ich das jedes Jahr mindestens zwei Mal. Ich streiche zwar alles, aber es ist ein grober, recht nachlässig aufgetragener Anstrich mit einer dicken Pinselbürste. Wenn ich dann aus dem Stall komme, sehe ich aus, als hätte ich in einer Gipsfabrik gearbeitet. Aber auch ein nachlässiger Farbauftrag versiegelt effektiv all die vielen Ritzen und Spalten, sodass sich darin Milben nicht mehr so leicht ansiedeln können.

Tatsächlich war es früher leichter, das Innere des Hühnerstalls durch Streichen milbenfrei zu halten, weil die damals für Innenfarben verwendeten Chemikalien schärfer und aggressiver waren als heute. Erfreulicherweise werden die giftigsten Substanzen immer weiter verbannt. Heute gib es kein kreosothaltiges Holzschutzmittel für den Hausgebrauch mehr zu kaufen. Die Ausdünstungen des früher gebräuchlichen Kreosots waren so stark, dass sich die Hühner für mindestens eine Woche danach nicht im Stall aufhalten wollten. Eine weitere traditionelle Methode, um den Stall milbenfrei zu halten, war das Kalken. Anfänglich war es zwar für Mensch und Geflügel giftig, war aber okay, wenn es vollkommen ausgetrocknet war. Vor allem war man von kleinen Schädlingen monatelang sicher.

VOR KURZEM ENTDECKTE ich ein paar Hühner, die in einem kleinen, matschig-verdreckten Hühnerauslauf ganz hinten in einem großen Landgarten lebten. Ein öffentlicher Fußweg führt am Zaun entlang, nur deshalb bemerkte ich die Hühner. Ich wollte ein paar Haselnussruten im angrenzenden Wald schneiden, aber nachdem ich fast ein Jahr lang die Hühner nie im Freien gesehen hatte, beschloss ich, ihnen eine Stunde lang den Auslauf zu gönnen. Ich stieg über den niedrigen Zaun an der Rückseite des Grundstücks und öffnete die Freilaufklappe am Stall. Eine nach der anderen spähten die Hennen ängstlich aus ihrer Slumbehausung heraus und fingen an, im Gras herumzupicken, als hätten sie das noch nie getan, obwohl es sich direkt außerhalb des doppelten Hühnermaschendrahts befunden hatte. Aus dem Stall drang mir ein entsetzlicher Gestank in die Nase, sogar an diesem kalten Februartag. Man hatte keinerlei Versuch unternommen, den Hennen frisches Streu oder Stroh zu bieten, und der Flecken Erde im kleinen Auslauf war völlig versauert – Sie müssen sich nur den Gestank von schwarz verschimmeltem Joghurt vorstellen. Nachdem ich meine Arbeit im Wald beendet hatte, trieb ich – widerwillig – die Hühner wieder in ihr winziges Gehege zurück.

Hätten Passanten vier verwahrloste Hunde in einem öden Zwinger hinten in einem Garten entdeckt, hätten sie wütend an die Tür des Hundehalters gehämmert oder die Behörden alarmiert. Aber diese Hühner waren nicht sträflich vernachlässigt oder gequält worden – sie hatten sowohl Futter als auch Wasser, auch wenn es ihnen in verdreckten Behältern angeboten wurde. Es ist eine traurige Tatsache, dass Hühner, wie auch viele andere landwirtschaftliche Nutztiere elende und nicht artgerechte Bedingungen geduldig ertragen, jedenfalls für eine gewisse Zeit. Das ist ihnen schon seit Jahrtausenden anerzogen worden, sodass sie eine enorme Toleranz für unseren Mangel an Fürsorge und Mitgefühl entwickelt haben. Manche Leute behaupten, Hühner sähen wie elende Kreaturen aus. Wer so etwas sagt, hat die Hühner in Umständen gesehen oder sogar selbst gehalten, in denen sie zwangsläufig bedrückt aussehen müssen. Verschlammte, nasse, dreckige Zustände werden ganz sicher nicht dazu beitragen, dass ein Huhn glücklich und zufrieden aussieht.

EIN SCHLAMMIGER AUSLAUF entsteht, wenn der Hühnerstall nicht bewegt werden kann, sodass sich die Vögel ständig auf demselben Stück Erde aufhalten müssen. Das Gras verschwindet schnell, weil die Hennen permanent im Gras herumpicken und scharren, bis nur noch der nackte Erdboden übrig bleibt. Der saure Hühnermist vermengt sich mit der Erde und wird im Sommer zu einer harten Kruste zusammengebacken, während im Winter und Frühjahr daraus schlammige Jauche wird, die für gesunde Hennen nicht gut ist. Es kommt vor, dass man, ohne es wirklich zu wollen, zu viele Hühner in der Schar hält, sodass dem Gras keine Zeit zum Nachwachsen bleibt, und das gilt sogar für relativ große Grundstücke. Damit das Gras in einem permanent genutzten Auslauf auch nur eine entfernte Chance zur Erholung hat, müssen jedem Huhn zehn Quadratmeter Grasfläche zur Verfügung stehen, und selbst dann wird der Boden immer wieder Ruheperioden brauchen. In diesem Fall sollten Sie die Vögel in einen kleineren Auslauf verlegen, der mit dem Hühnerstall verbunden ist, wenigstens für ein paar Monate im Jahr, am besten im Winter oder im frühen Frühjahr.

Wenn nicht genügend Grasfläche zur Verfügung steht, ist es viel besser, die sogenannte Tiefstreumethode anzuwenden. Dabei wird eine bestimmte Art von Einstreu verwendet, die nicht regelmäßig ausgetauscht werden muss. Die Zersetzung von Kot und Dreck erfolgt durch Mikroorganismen. Das gilt vor allem, wenn Sie meiner Empfehlung folgen, dass der Hühnerauslauf ein solides Dach haben sollte, damit die Einstreu trocken bleibt. Im Idealfall lege ich die Grundlage für das Tiefstreusystem schon im Herbst an, wenn genügend Herbstlaub von Eichen, Apfelbäumen, Buchen und Linden anfällt – eben laubabwerfende Pflanzen mit weichen, zerbröselnden Blättern, also keine Koniferen oder wachsartigen Blätter wie die der Magnolie. In den Herbstwochen reche ich das Laub in den Auslauf hinein, sammle Schubkarren voller Laub, so viel ich finden kann, bis eine dicke Schicht im Auslauf liegt. Der Hühnerhof sieht dann wie ein großer Laubkomposthaufen aus, aber das ändert sich schnell, wenn das Laub zerbröselt und vermulcht. Die Hennen fühlen sich darauf sehr wohl und sehen gerade so aus wie ihre Vorfahren, die noch in einer bewaldeten Umgebung lebten.

Wenn Ihr Hühnerhof nicht überdacht ist, können Sie auch Holzspäne auf den Erdboden streuen – aber keinesfalls Birkenspäne, da diese viel Feuchtigkeit enthalten und sich darauf Pilze ansiedeln. Gute Säge- oder Holzspäne bekommt man von Baumpflegern, Schreinereien oder in der Tierhandlung. Sie verhindern die Verschlammung des Bodens und riechen gut. Wenn Sie den Hühnerhofboden gut bedeckt haben, sollten Sie auch einen Strohballen hineinlegen. Das alles hilft, einen schönen, trockenen, weichen und dicken Belag für die Hühner zu schaffen, auf dem sie gerne herumpicken. Diesen Belag müssen Sie dann nur noch regelmäßig durchrechen und auflockern, sodass die Hennen immer wieder zum Scharren ermuntert werden.

Doch irgendwann wird dann auch diese Tiefstreu so sehr verrottet sein, dass Sie sie entweder wegschaufeln oder darauf einen großen Haufen frische Einstreu ausbringen müssen. Ich habe mich immer für die erstgenannte Methode entschieden und räume den Hühnerhof alle sechs Monate vollständig aus. Die verbrauchte Streu, die mit einem guten Anteil von Hühnermist vermischt ist, ergibt einen hervorragenden Mulch, vor allem rund um die Obstbäume.

DAS STAUBBAD IST eine wichtige Voraussetzung für das glückliche Leben einer Henne, wird aber oft übersehen. Ein Huhn braucht das Bad, um sich sauber halten zu können – nicht in Wasser, sondern in feinem, trockenem Erdboden. Es sucht nach trockenen Stellen und verbringt viel Zeit damit, die Erdklümpchen in feinste Partikel zu hacken und zu scharren, bis eine sanfte Grube entsteht, in die es sich betten kann. Dann erst beginnt es mit dem Staubbad, ein Vorgang, der fast einer Art Meditation gleichkommt. Mit leisem Glucken lässt es den feinen Erdstaub durch sein Gefieder rieseln, bis die Partikel die Haut erreichen. Das ist seine Methode, auf natürliche Weise Milben abzuwehren und das Federkleid in gutem Zustand zu halten.

Bietet sich die Möglichkeit dazu, wird ein Huhn fast jeden Tag ein Staubbad nehmen. Das ist jedoch nur in trockenem und tiefem Boden möglich. Für Hühner, die in einem begrenzten Hof gehalten werden, muss man daher die benötigte Erde anbieten, etwa in einer tiefen Plastikschale, einer Holzkiste oder einer alten Zinnwanne. Stellen Sie diesen Behälter jedoch so auf, dass die Hühner nicht darüber hocken können, um zu vermeiden, dass ihr Kot hineinfällt. Idealerweise sollte auch Sonnenlicht herankommen, weil die Hennen dann ihr Bad in einem fast tranceähnlichen Zustand genießen. Zwar gibt es geeigneten Sand – Fugensand beziehungsweise ofengetrockneten Sand – zu kaufen, aber die Hühner ziehen definitiv trockenen Erdboden vor, wie man ihn etwa unter einer Hecke oder in den Blumentöpfen vorfindet, wenn man sie am Ende der Saison leert. Dieses trockene Gemisch genießen die Hühner besonders, weil es

Eine schwarz-kupferfarbige Marans genießt ihr tägliches Staubbad

bröselig und fein ist. Sinnvollerweise sollte man auch einmal im Monat ein wenig Milbenpuder hineinstreuen, sodass die Tiere das Puder sozusagen selbst anwenden.

Für die Hennen ist das Staubbad eine gesellige Angelegenheit; oft nimmt eine ganze Schar das Staubbad gemeinsam. Küken genießen es schon im Alter von einer Woche. Brütige Hennen legen dafür auch gern mal eine Pause ein, um ihre Federn aufzuplustern und sich nach dem langen bewegungslosen Sitzen im Nest hin und her wälzen zu können.

FÜR DEN HÜHNERHALTER ist der feine Staub jedoch nicht immer ein Vergnügen. Ich wachte eines Morgens im Juni 2021 auf und stellte fest, dass ich nichts mehr hörte. Es war ein heller Morgen, aber wo war das fröhliche morgendliche Gegacker meiner Hühner, die ins Freie gelassen werden wollten, wo war der Gesang der Vögel oder der übliche Straßenlärm? Nach einer Woche – ich war inzwischen halb verrückt geworden, weil ich fast nichts mehr hörte – ließ ich von einer Ohrenärztin eine Ohrenspülung vornehmen. Sie erkundigte sich nach meinen täglichen Aktivitäten. Nun, ich arbeite jeden Tag im Garten, weshalb ich mir immer die Hände schmutzig mache, aber ich bin nicht so blöd, mir mit schmutzigen Fingern in den Ohren zu bohren. Und ich erzählte auch, dass ich Hühner hielte. Aha! Jetzt spitzte sie die Ohren. »Fast jede Woche behandle ich einen Bauern«, erklärte sie. »Der Staub von Geflügelställen und Stroh vermischt sich mit natürlichem Ohrenschmalz. Sie sollten sich die Ohren jedes Jahr ausspülen lassen. Und wenn Sie den Hühnerstall ausmisten, sollten Sie einen Ohrenschutz und eine Atemmaske tragen.« Ich konnte nur nicken, während ich daran dachte, dass ich nicht einmal Handschuhe trug und einen Astronautenhelm erst recht nicht.

Aber was sie sagte, leuchtete mir natürlich ein. Als ich meine Hennen noch in den niedrigen Archen hielt, kletterte ich gewöhnlich mit einem Handbesen hinein. Ich kam mir dann wie ein Hühnerhaus-Kaminfeger vor, wenn ich die Spinnweben in dem engen Dachdreieck ausfegte. So viele Jahre lang waren diese Staubduschen auf meine unschuldigen kleinen Ohren herabgerieselt! Später dann kamen das endlose Einpudern der Hennen mit dem Antimilbenmittel und die ständige Berieselung mit Strohstaubpartikeln hinzu – kein Wunder, dass meine Ohrkanäle irgendwann genug hatten! Aber im Ernst: Ich mache mir tatsächlich Sorgen, dass sich bei mir so etwas wie eine Farmerlunge entwickeln könnte, eine allergisch-entzündliche Reaktion der Lungenbläschen auf das ständige Einatmen von Sporen, Staub, Schimmelpilzen und Bakterien. Ich beschloss, von nun an immer eine Atemschutzmaske zu tragen, vor allem beim Umgang mit kieselgurhaltigen Substanzen wie Milbenpuder. Das ist zwar organisches Material und eignet sich bestens, um nicht nur die Hennen, sondern auch die vielen Winkel und Ritzen im Hühnerstall einzustäuben, aber es ist nicht gut für unsere Lungen. Seitdem mir das klar geworden war, greife ich in letzter Zeit bei der Bekämpfung von Roten Vogelmilben eher zu einem hellrosa Spray. Es setzt jeder Party der kleinen Blutsauger ein abruptes Ende. Die Unterseite der Ruhestangen sollten Sie jedoch schon früh am Tag damit einsprühen, damit sich die Dünste verflüchtigt haben, bevor die Hennen auf die Ruhestangen zurückkehren.

VIELE DER IN DEN LÄDEN verkauften Eier leiden an der, wie ich es nenne, Paprika- und Tagetes-Trickserei – beide enthalten Carotinoide, die eine stärkere Färbung des Eigelbs bewirken. Die Substanzen sind natürlichen Ursprungs und harmlos. Werden sie in einem bestimmten Maß dem Pellet-Hühnerfutter beigemengt, legen die Hennen Eier mit einer unglaublichen, fast blutorangen Dotterfarbe statt des üblichen Gelbs.

Traditionell verleiht das täglich gefressene grüne Gras dem Eierdotter eine ehrliche goldgelbe Färbung, die vom Anteil der Xanthophyll-Pigmente abhängt, die als natürliche Farbstoffe in Gras, Luzerne oder Mais enthalten sind. Als man damit begann,

Legehennen in kommerziellen Batteriekäfigen zu halten, konnte man deren Eier anhand der blasseren Dotterfarbe unschwer von den Eiern der Freilandhühner unterscheiden. Das führte dazu, dass sich die Verbraucher von den Käfigeiern abwandten, sodass die Agrarindustrie dazu überging, dem Futter der Batteriehühner natürliche Färbemittel beizumengen, um die Dotterfarbe ihrer Eier attraktiver zu machen. Das wird heute so gut gemacht, dass ein in Käfighaltung gelegtes Ei die Illusion eines Freilandeis vortäuschen kann, obgleich Ersteres vergleichsweise fade schmeckt. Irgendwann beschloss jemand, dass man lieber einen blutorangen Eidotter statt eines gelben haben wolle. Bald werden die Konsumenten die Dotterfarbe anhand der RAL-Farbenpalette aussuchen können! In der privaten Hühnerhaltung lassen sich orange Eidotter nur erzielen, wenn man den Hennen einmal wöchentlich eine Extraration Karottenpüree (wie Babynahrung) oder frische Tagetesblütenblätter verfüttert, da beides den natürlichen Farbstoff Carotin enthält. Ein Rote-Bete-Püree würde wahrscheinlich den tiefsten Orangeton ergeben, aber in meinen Augen ist das alles eine sinnlose Zeitverschwendung.

Ein guter, ehrlicher gelber Farbton des Eidotters ergibt sich von selbst, wenn sich das Huhn jeden Tag von Gras und Grünzeug ernährt, wie es sein sollte. Aber verfüttern Sie nie gemähtes Gras (Rasenschnitt), wenn die Hühner keinen Zugang zu einem Rasen haben. Bei gemähtem Gras fressen die Hühner die ganzen Halme wie Spaghetti, während sie beim normalen Grasen nur die Spitzen der Grasscheiden wegpicken. Rasenschnitt ist für sie schwerer verdaulich, und die Halme können sich in ihrem Kropf ansammeln und einen gefährlichen Ballen bilden, was manchmal zu einer fatalen Kropfverstopfung führt, die nur ein Tierarzt beseitigen kann.

Ausgerissene Wildkräuter, etwa Löwenzahn und Vogelmiere, geben sehr gutes Hühnerfutter ab. Füllen Sie eine alte Salatschleuder mit diesem Grünzeug und hängen Sie es so auf, dass es die Hennen herauspicken können. Hühner fressen auch gern geschossenen Salat, aber bei einer Grünpflanze sollten Sie vorsichtig sein: Kohl. Zu viel davon beschert Ihnen einen übelriechenden Hühnermist!

Ein weiteres fantastisches Nahrungsangebot für Ihre Hühner sind getrocknete Grünpflanzen, etwa Alfalfa, auch Luzerne genannt. Die Pflanze wird fein gehackt oder entweder in große Ballen oder kleine Blocks gepresst, die man als Extra-Leckerli aufhängen kann. Alfalfa ist schon lange als traditionelles Futter für Pferde bekannt, aber sein Nutzen als Hühnerfutter ist heute unbestritten, zumal es viel natürliches Protein enthält. Es bietet ihnen auch eine ständige Stimulation, daran zu picken, sogar so sehr, dass es nun auch in industriellen Haltungsformen verwendet wird und die Neigung zum Federpicken verringert. Aber für eine kleine Hennenschar im Garten ist es auf jeden Fall nützlich, weil es sie zu mehr Aktivität anregt.

Braunhirse ist ebenfalls ein gutes Hühnerfutter

GRIT (GEFLÜGELGRIT) ist ein absolutes Muss. Das Gemisch sorgt für stärkere Eierschalen und sollte Ihren Hühnern immer zur Verfügung stehen. Sie werden feststellen, dass die winzigen Bruchstücke von Austern- und Muschelschalen, die in der Kieselmischung enthalten sind, zuerst gefressen werden; schütten Sie neuen Grit nach, sobald Sie sehen, dass nur noch winzige Kieselsteine übrig geblieben sind. Grit hilft den Hühnern, ihr Futter besser zu zerkleinern, wenn es in ihren Muskelmagen gelangt, wird aber weniger von der Henne selbst als vielmehr für die Eierschalen benötigt. Freilandhühner finden normalerweise genug kleine Steinchen, aber wenn Sie sich eine Eierschale ansehen, wird Ihnen klar, wie viele winzige Austernschalenstückchen benötigt werden, um eine so harte Schale hervorzubringen. Eine gute Gritmischung, in der richtigen Dosis angeboten, sorgt für gute Eier.

Sie können dem Grit auch eigene Zutaten hinzufügen. Meine Mutter sparte immer die vielen Eierschalen auf, die beim Backen anfielen. Sie zerstieß sie sehr klein und schob sie auf einem Backblech für ein paar Minuten in den Backofen. Die Hühner bekamen so ihre eigenen recycelten Schalen zu fressen.

Küken sollten Grit schon im Alter von einer Woche angeboten bekommen, allerdings in deutlich feinerer Körnung, wie es auch für Kanarienvögel erhältlich ist. Neuerdings wird auch für den privaten Hühnerhalter speziell gemischter »Magenkiesel« angeboten, der mit extra viel Protein und Mineralien angereichert ist, um eine bessere Verdauung und stärkere Eierschalen zu gewährleisten. Er ist um einiges teurer als die Grit-Standardmischung, aber meine Hennen sind absolut verrückt danach, und ihre Eierschalen werden tatsächlich besonders stark. Ich verfüttere meinen Hühnern auch ab und zu eine Gritmischung, die für Renntauben entwickelt wurde. Sie enthält die üblichen Austernschalen, aber auch Rotstein, Holzkohle und äußerst fein gebrochene Flintsteine (Silex) – Bestandteile, die eine gesunde Verdauung fördern. Diese feineren Gritmischungen sind auch bestens für Zwerghühner geeignet, weil auch sie kleine Schnäbel haben und mit dem gröberen Standardgrit für Großhühner nicht zurechtkommen.

MEINE HÜHNER LIEBEN KUCHEN, vor allem Früchtekuchen mit Kirschen. Manchmal hängen ihnen auch gekochte Nudeln aus dem Schnabel, von denen noch die Tomatensoße tropft, aber gerade im Winter lieben sie auch klein geschnittene Salatblätter, das Fruchtfleisch und die Samen von Kürbissen, die ebenfalls die Verdauung fördern, feines Müsli und alle Arten von Honeyflakes, Beeren und fleischige Früchte wie überreife Pflaumen. Aber Zuckermais aus der Dose scheint für die Hennen so etwas zu sein wie Kaviar für uns Menschen.

In vielen Ländern ist das Verfüttern von Speiseabfällen an landwirtschaftliche Nutztiere, darunter auch Hühner, gesetzlich geregelt oder sogar verboten. Das in Großbritannien geltende Verbot geht auf den Ausbruch des Rinderwahns BSE zurück, der die Aufmerksamkeit auf das Tierfutter lenkte. Auch in Deutschland ist es generell verboten, Lebensmittelabfälle an Schweine zu verfüttern, insbesondere solche, die Fleisch oder tierische Produkte enthalten oder damit in Berührung gekommen sind. Das Verbot dient dem Schutz vor Tierseuchen wie der Maul- und Klauenseuche und ist in der EU und der Schweiz durch entsprechende Richtlinien und Verordnungen geregelt. Haben früher Schweine einen Großteil der entsetzlich hohen Berge von Lebensmittelabfällen verwertet, so müssen diese heute auf anderen Wegen entsorgt werden. Eine Hühnerschar kann ohnehin nicht von Küchenabfällen überleben; sollten Sie vorhaben, auf diese Weise die Kosten für teures Hühnerfutter sparen zu wollen, können Sie das getrost vergessen.

Im Übrigen sind Hühner sehr viel wählerischer, als man gemeinhin annimmt. Bei so manchem Futter werden sie angewidert die Schnäbel in die Luft recken. Zitrusfrüchte mögen sie überhaupt nicht; manche Hühner lieben Melonen, andere verabscheuen sie. Weil sie nicht kauen können, werden sie Kartoffelschalen, Toastbrotkrusten und die harten Teile von Kohl oder Brokkoli nicht anrühren und diese traurigen Reste im ganzen Hühnerhof verteilen – kein schöner Anblick.

Damit Hühner gut wachsen und robust und gesund werden können, sollte die Hauptkomponente ihres Futters aus Futtermischpellets von guter Qualität bestehen. Das Schlimmste, was Sie Ihren Hühnern antun können, ist, ihnen billiges Futter von schlechter Qualität zu geben. Seien Sie in dieser Hinsicht niemals geizig. Die spezielle Formel der Pellets liefert ihnen die richtige Dosis von Protein, Vitaminen und Mineralien, die sie je nach Alter und Bedarf benötigen. Während einer schweren Mauser benötigen sie allerdings noch zusätzliche Nahrung.

Zuerst gibt man ihnen Kükenkrümel, am besten mit Kokzidiostatikum, das die Küken gegen eine Krankheit namens Kokzidiose schützen soll, die von einem Parasiten verursacht wird – es sei denn, Sie haben die Küken bei einem Züchter gekauft, der sie bereits dagegen geimpft hat (fragen Sie immer nach, ob das der Fall ist. Wenn ja, können Sie auch Kükenkrümel ohne medikamentöse Zusätze verfüttern).

Danach geht man zu Züchter- oder Geflügelmastpellets über, die viel Protein und Kalzium enthalten, um das Knochen- und Federwachstum zu fördern. Diese Pellets können Sie ab der siebten bis (nach meiner Meinung) zur 18. Woche bei Hybriden und 20. Woche bei reinrassigen Hühnern verfüttern, je nachdem, wie schnell die Hühner wachsen und reifen. Zwerghühner füttere ich mit diesen Pellets im Winter, die ihren kleinen Körpern im kalten Wetter einen zusätzlichen Energieschub verschaffen.

Erwachsene Hühner erhalten pelletiertes Legehennenfutter. Die Ration kann ab der 18. Woche an Hybride und ab der 20. Woche an Rassehühner verfüttert werden (bei mausernden Vögeln muss man vielleicht Protein und Öl zugeben).

Der zweite wichtige Aspekt der Futterwahl ist sicherzustellen, dass es entweder frei von Soja ist, dass der Soja-Anteil garantiert nicht von abgeholzten Anbauflächen kommt oder dass das Soja in Europa angebaut wurde. Ein großer Teil des für Hühnerfutter verwendeten Soja stammt aus Südamerika, vor allem aus Brasilien und Argentinien, wo immer mehr Landfläche und Regenwald gerodet wird, um Anbauflächen für den Getreideanbau zu schaffen, Getreide, das dann exportiert wird. Ihre Hühner mit Soja aus nicht zertifiziertem Anbau zu füttern widerspräche der Absicht, nur Nahrungsmittel von einwandfreier Herkunft essen zu wollen. Rufen Sie die auf der Packung angegebene Telefonnummer an und erkundigen Sie sich nach der Herkunft des Sojas. Bei der Marke, die ich benutze, wird zugesichert, dass nur zertifiziertes Soja verwendet wird; allerdings ist dieses Futter auch teurer.

DAS VERLOCKENDSTE und optisch attraktivste Trockenfutter ist Mischgetreide aus Weizen, Mais und Erbsen. Besonders freuen sich die Hennen über großzügige Mischungen, die gewöhnlich an Renntauben verfüttert werden, da sie auch Rote Hirse, Sonnenblumenkerne, geschälten Hafer, Leinsamen und Rapssamen enthalten. Sie eignen sich auch gut als Winterfutter, weil sie dazu beitragen, dass sich die Hühner nachts wärmer fühlen. Ihr Kropf ist wie ein Ballon, eine Art Speicher, der sich tagsüber ausweitet, bis die Henne satt ist. Während der Nacht wird der Inhalt verdaut, weshalb die Vögel auch nachts nicht nur Kot, sondern beim Verdauen auch Hitze produzieren. Geben Sie ihnen das Getreide am Nachmittag, aber nur sparsam. Verfüttern Sie Mischgetreide niemals wie normales Futter, sondern als eine Art Leckerli. Ein paar Handvoll täglich zum Herauspicken ist für eine kleine Schar völlig ausreichend. Jungvögeln sollten Sie es nicht geben, vor allem nicht, wenn sie im Freien gehalten werden, weil es die Hennen fett werden lässt; fette Hennen legen weniger Eier und werden später vielleicht am Fettlebersyndrom leiden. Aus demselben Grund sollten Sie auch vermeiden, dass es träge oder wenig aktive Hennen zu fressen bekommen.

An kalten Wintertagen gerät man leicht in Versuchung, die Hühner mit etwas Warmem zu füttern, etwa Porridge. Das sollten Sie jedoch niemals tun. Der Hühnerkropf ist im Grunde die Vogelversion unseres Magens, aber die Natur hat ihn nicht für warme Nahrung geschaffen. Fressen Hühner etwas, das zu heiß ist, kann das zu einer Kropfverbrennung führen – selbst normalwarmes Futter brennt in ihren Eingeweiden. In einem kalten Winter ist Getreide am besten geeignet, die Vögel warm zu halten.

Um das Federwachstum während der Mauser zu fördern, können Sie ihnen gehackte Sonnenblumenkerne, vermischt mit Lebertran, anbieten. Während neue Federn nachwachsen, genügt eine Handvoll pro Tier und Tag.

WIEVIEL FUTTER BRAUCHT eine Henne pro Tag? Schwer zu sagen, denn die Futtermenge hängt von verschiedenen Faktoren wie Rasse, Jahreszeit, Alter ab und wird deshalb sehr unterschiedlich veranschlagt. Im Allgemeinen wird ein normales 2,5 Kilogramm schweres Huhn mit einer normalen Legeleistung ungefähr 120 bis 180 Gramm Hühnerfutter pro Tag aufnehmen. Zwerghühner fressen natürlich weniger, etwa 60 bis 80 Gramm. Ganz gleich welche Größe – das Huhn wird Sie recht schnell merken lassen, wenn es zu wenig zu fressen bekommt.

Die meisten Hühnerhalter stellen Futterautomaten auf, statt es ihnen morgens und abends selbst auszustreuen. Bei den Futterautomaten ist auf eine rattensichere Bauweise zu achten, da sie schon beim Fressen automatisch Futter nachschieben und daher immer voll sind. Nach meiner Erfahrung sind die besten Futterautomaten solche, die sich aufhängen lassen, aber viele Halter bevorzugen auf dem Boden stehende Geräte, bei denen die Hennen einen Lauf auf einen Fußhebel setzen müssen, um an das Futter zu kommen. Allerdings werden die Hennen das Verfahren nicht auf Anhieb erlernen; Sie sollten sie daher erst ein wenig hungrig werden lassen und ihnen dann zeigen, wie sie auf den Hebel treten müssen. Es kann sein, dass Sie sich bei dieser Lehrstunde auf den Bauch legen und wie ein Hahn gurren müssen. Aber keine Sorge, Ihre Hühner werden die Sache recht schnell kapieren!

Wenn der Hühnerstall Fenster hat, die genug Licht auf die Futter- und Wasserbehälter durchlassen, sollten Sie sie gut sichtbar aufstellen, aber nicht direkt neben oder unter den Schlafstangen, um eine Verschmutzung zu vermeiden. Sie im Stall aufzustellen hat auch den Vorteil, dass Wildvögel nicht herankommen.

Sie sollten auch die Pickhöhe der Hennen einschätzen lernen, also, wie weit hinauf die Hennen picken können, und dann die Futtergeräte in der entsprechenden Höhe aufhängen. Die beste Höhe ist knapp oberhalb ihrer Schnäbel, sodass sie sich fast auf die Zehen stellen müssen, um heranzukommen. Generell sollten Sie darauf achten, dass die Hennen ihr Futter gut erreichen können, aber es nicht vergeuden und auf dem Boden verstreuen. Verstreutes Futter picken die Hühner selten auf; wenn der Feeder ständig voll ist, picken sie dort immer weiter, vor allem, wenn der Feeder auf dem Boden steht oder zu niedrig hängt. So wird das Futter nicht nur verschwendet, sondern es lockt auch Ungeziefer an.

Auch die Hühnertränke sollte aufgehängt werden, ungefähr in gleicher Höhe oder ein wenig niedriger als die Feeder. Allerdings kann eine hängende Tränke leicht seitwärts kippen und überlaufen, weshalb ich es vorziehe, die Tränke an einer sicheren und ebenen Stelle aufzustellen, beispielsweise auf einem umgedrehten Zinkeimer, einer kleinen Backsteinpyramide, einem flach gesägten Stück Baumstamm oder auf einem Schalbetonstein. Entscheidend ist, dass die Hennen nicht Mist und Schmutz vom Boden in die Tränke scharren können, denn das Wasser sollte immer sauber bleiben.

Hühner sind intelligent genug, um offenes Wasser zu meiden, aber auch ein offener Wassertrog kann zur tödlichen Falle werden, vor allem für Junghühner, die zu neugierig werden können, wenn sie von oben in der Wasserfläche ihr eigenes Spiegelbild sehen. Als Vorsichtsmaßnahme sollten Sie offene und tiefe Wasserbehälter mit Kaninchendraht abdecken. Küken sollten erst gar nicht in die Nähe von offenen Wasserbehältern kommen dürfen; für sie können Sie ein wenig Wasser in den umgedrehten Deckel eines Marmeladenglases gießen, zusammen mit ein wenig gewaschenem Grit, sodass das Wasser nicht mehr als einen Zentimeter tief ist.

Luftiger Hühnerstall mit separaten Nistkästen in Chatsworth

ES IST EINE FREUDE, den Hennen zu erlauben, ihre Eier auszubrüten – sofern alles nach Plan verläuft. Damit kann Ihre Schar auf natürliche Weise wachsen. Das ist einer der schönsten Aspekte der Hühnerhaltung. Erwachsene Hühner sind viel intelligenter, selbstsicherer und wahrscheinlich auch gesünder, wenn sie von einer Henne ausgebrütet und aufgezogen wurden. Die Küken kann man mit ihrer Mutter ins Freie hinauslassen, sodass sie sich an Tag und Nacht und an unterschiedliches Wetter gewöhnen können. Die Glucke lehrt und leitet sie. Ist die Mutter zahm und an den Halter gewöhnt, werden auch ihre Küken ihr Verhalten voller Zuversicht nachahmen, etwa wenn sie sehen, dass sich die Mutter auf den Arm nehmen und streicheln lässt.

Heute werden zu viele Küken nicht in einem Nest, sondern in Maschinen ausgebrütet. Warum so viele Hinterhof-Hühnerhalter unbedingt einen elektrischen Brutkasten verwenden, ist mir ein Rätsel. Die Küken geben ein wahrhaft alarmierendes Piepsen von sich, wenn sie künstlich ausgebrütet werden, als ob sie instinktiv spürten, dass etwas nicht so ist, wie es sein sollte. Im Unterschied zu ihnen werden Küken, die unter einer Glucke ausgebrütet werden, der Umgebung erst nach ungefähr einem Tag ausgesetzt, sobald sie geschlüpft und trocken sind und stehen können. Die Glucke lauscht auf die Eier, die sie ausbrütet, und spürt, wie aus den glatten, harten Schalen nacheinander winzig kleine zappelnde Babys schlüpfen und ihren zarten Flaum für ein neues Leben aufplustern. Sie piepen leise und lauschen dem beruhigenden Glucken ihrer Mutter. Hennen haben mehr als dreißig verschiedene Arten von Glucklauten; diese besondere Art ist leiser und klingt eher wie ein Schnurren. Vergleichen Sie diesen sanften Lebensanfang mit dem von Milliarden frisch geschlüpfter Küken, die auf dem harten Drahtgitterboden des industriellen Brutkastens liegen und nur das Surren des Ventilators über ihren Köpfen zu hören bekommen.

Deshalb bin ich auch nicht damit einverstanden, dass Brutkästen heutzutage sogar in Schulen aufgestellt werden. Für mich ist es ein Albtraum, mir vorzustellen, dass die Kinder lernen, Eier würden von einer Maschine ausgebrütet. So bekommen sie den Eindruck, neu geborene Nutztiere bräuchten nicht die Fürsorge einer natürlichen Mutter. Viel besser wäre es, man würde den Kindern eine Zwerghenne mit ihren Küken zeigen, damit sie sehen können, wie aufmerksam, beschützend und fürsorglich die Henne ihre Jungen umsorgt. Die Kinder müssen begreifen, dass auch Hühner fühlende Lebewesen sind, und das können sie am Beispiel einer Mutter und ihrer Küken sehr gut beobachten. Eine sanfte Cochin- oder Seidenhuhn-Zwerghenne wird es sogar zulassen, dass die Kinder ihre Küken in die Hände nehmen, vorausgesetzt, dass sie sie immer im Blick behalten kann und dass sich die Klasse ruhig verhält.

EINE BRÜTIGE HENNE erkennen Sie daran, dass sie verärgert gluckt und sich aufplustert, wenn Sie die täglich gelegten Eier einsammeln. Wenn es ihr mit dem Brüten ernst ist, wird sie sich oftmals ein paar Brustfedern auszupfen, sodass ein Fleck bloßer Haut zu sehen ist – der sogenannte Brutfleck. Um zuverlässig festzustellen, ob sie erfolgreich brüten wird, sollten Sie ihr die Hand sanft unter den Bauch schieben. Wenn sie sich aufgeregt an Ihre Hand schmiegt, ist es ihr Ernst mit der Absicht zu brüten. Wenn Sie von einer brütigen Henne gepickt werden, sollten Sie beim Umgang mit ihr Gartenhandschuhe tragen!

Ein Hahn spielt keine Rolle, wenn eine Henne beabsichtigt, ihre Eier auszubrüten. Allerdings wurde auch schon beobachtet, dass sich ein Hahn am Brüten und der Aufzucht der Küken beteiligte. Natürlich ist seine Anwesenheit erforderlich, um die Eier zu befruchten, aber man kann heute befruchtete Eier auch liefern lassen. Das ist besonders hilfreich, wenn man plant, seltene Hühnerarten zu halten. Ihre Erfolgschancen steigen, wenn Sie die Eier selbst abholen, da sie sonst beim Transport unsachgemäß behandelt oder zu großer Hitze ausgesetzt werden könnten, wodurch sie vielleicht unfruchtbar werden.

Viele Leute sind erstaunt, dass die Eier nicht sofort nach dem Legen ausgebrütet werden müssen. Befruchtete Eier bleiben im Ruhezustand, bis sie Bruttemperatur erreichen; erst dann kann das Ausbrüten beginnen. Beim natürlichen Vorgang wird die Henne das 21-tägige Sitzen erst beginnen, wenn sie ihr gesamtes Gelege gelegt hat. Damit ist sichergestellt, dass alle Küken zur gleichen Zeit schlüpfen und die Henne die Nachzügler nicht im Stich lassen muss, weil die anderen Küken schon das Nest verlassen wollen. Auch während des Brutprozesses können Eier mal für einen Nachmittag gänzlich abkühlen, ohne dass das Küken

Verärgertes Schnurren und Federsträuben: eine brütende Strupphuhn-Henne

Schaden nimmt. Oft legt eine Glucke eine Brutpause ein und entfernt sich dann für eine Stunde oder länger von ihrem Nest.

Das Hauptproblem, vor dem Sie stehen, wenn Sie die Eier ausbrüten lassen, betrifft die männlichen Küken. Seltsamerweise werden bei Hühnern gewöhnlich mehr männliche als weibliche Küken ausgebrütet. Es gibt einfach nicht genügend gute Unterkünfte für den Überschuss an Hähnen; Sie sollten sich mit dieser Frage beschäftigen, bevor Sie eine Henne brüten lassen. Auch in den Dörfern gibt es immer mehr Airbnb-Mietwohnungen, weshalb der Hahn als natürlicher Wecker der Nachbarschaft immer seltener geduldet wird. In Frankreich musste sich die Halterin eines Hahns namens Maurice wegen dessen Krähen sogar vor Gericht verantworten. Stadtbewohner, die in dem Dorf Wochenendwohnungen besaßen, hatten gegen den Lärm geklagt. Glücklicherweise befand das Gericht, dass Maurice' Aktivitäten zum normalen, traditionellen Landleben gehörten. Generell ist es nicht gut für die Hennen, wenn sich zu viele Hähne in der Schar befinden. Im Grunde können Sie nur einen Hahn pro Schar als Boss haben, manchmal auch zwei, wenn sie Brüder sind. Wenn Sie mehr Hähne halten, werden die Hennen übermäßig bedrängt, und die Hähne werden um die Hennen kämpfen.

Ich muss leider eingestehen, dass auch ich die meisten männlichen Küken töte, sobald ich sie anhand ihrer roten und größeren Kämme eindeutig von ihren braveren Schwestern unterscheiden kann, was gewöhnlich ab der 12. Woche der Fall ist. Diese Aufgabe erledige ich nachts – schnell und leise, wobei mir unweigerlich die Tränen kommen. Aber es muss getan werden. Ich fühle mich dann wie ein gemeiner Schurke, aber die Hähne hatten bis zu diesem Zeitpunkt ein besseres Leben als die meisten ihrer Geschlechtsgenossen, und ich muss bei dieser Sache eben realistisch sein.

STURE BRÜTIGKEIT ist für uns Hühnerhalter oft ein Ärgernis und kann sogar gefährlich sein, wenn die Hennen monatelang nur sitzen wollen, immer launischer werden und abmagern. Brütige Hennen bleiben in den Nistkästen hocken und reagieren mürrisch auf andere Hennen, die nur ihre Eier legen möchten.

Wenn Sie einer Henne ihre Brütigkeit abgewöhnen wollen, müssen Sie recht streng zu ihr sein, damit sie schneller darüber hinwegkommt. So können Sie sie etwa in einen Behälter setzen, der als »Strafbank« bekannt ist. Dabei handelt es sich um eine kleine Hundekiste aus Metall, die sich unter ihr kalt anfühlt. Nach ungefähr einer Woche in dieser Kiste – oder, wenn Sie es so lange ertragen können, zwei Wochen –, in denen sie nur einen Kaffeebecher Getreidefutter und Wasser bekommen hat, wird ihr jede Lust aufs Brüten vergangen sein. Stellen Sie die Kiste auf Backsteine oder eine weitere Kiste so auf, dass sie immer gut zu sehen ist, sodass die Henne spürt, dass sie sozusagen am Pranger steht. Entscheidend ist jedenfalls, dass es ihr alles andere als bequem gemacht wird – das ist das genaue Gegenteil einer kuscheligen Nistkiste und bringt ihre Bruthormone durcheinander. Eine weitere Methode ist, der Henne ein schönes, langes, warmes Bad zu gönnen, als würde sie für eine Geflügelschau vorbereitet. Waschen Sie sie mit Babyshampoo, spülen Sie sie gründlich ab und föhnen Sie sie. Folgen Sie nicht dem Ammenmärchen, eine brütige Henne müsse nur in kaltes Wasser getunkt werden. Das würde sie zu sehr schockieren; auch könnte sie sich erkälten.

Wollen Sie jedoch eine brütige Henne ein paar Eier ausbrüten lassen, sollten Sie sie in eine stabile Brutkiste oder einen kleinen Kaninchenstall setzen, wo sie von ihren Schwestern nicht gestört werden kann. Legen Sie eine dicke Schicht frisch gehacktes Stroh und ein paar Handvoll von gröberem Gerstenstroh hinein, damit die Eier in einer Mulde in der Mitte liegen. Die Henne wird das Stroh selbst so zurechtschieben, dass sie bequem darauf sitzen kann. Legen Sie niemals Heu hinein, weil es sehr schnell schimmelt. Zur Abwehr von Milben sollte ein wenig Milbenpulver auf das Stroh gestreut werden. Es ist absolut wichtig, dass die Glucke vor Ratten geschützt ist. Ihre Brutkiste sollte daher mit starkem Boden und engmaschigem Mäusedraht gesichert werden. Kaninchenställe sind gut für ein ruhiges, dunkles Nest geeignet; sie sind auch regendicht, denn das Brutnest sollte niemals feucht werden. Das Drahtgitter an der Vorderseite lässt genug Licht durch, sodass die Henne ihr Futter findet und in Ruhe ihre Küken ausbrüten kann.

Legen Sie ein paar künstliche oder hartgekochte Eier in das neue Nest. Damit sie nicht verwirrt wird, sollten Sie die brütige Henne bei völliger Dunkelheit in ihr neues Zuhause transferieren. Sie wird sich dann zufrieden auf die Eier setzen, als sei nichts geschehen. Wenn nicht, sollten Sie ihr einen Tag zur Eingewöhnung geben. Es kann auch vorkommen, dass der Transfer sie völlig von der Brutidee abbringt. Lassen Sie sie ungestört zwei Tage lang sitzen; am dritten Tag nehmen Sie sie vom Nest, um sie zu füttern und für eine Toilettenpause. Wenn sie sich da-

Eine aufrecht sitzende Henne bedeutet, dass sie ein Ei legt

nach wieder zufrieden auf die falschen Eier setzt, können Sie ihr nun die echten Eier ins Nest legen, die Sie ausgebrütet haben wollen. Notieren Sie sich das Datum genau; man vergisst leicht, wann das eigentliche Ausbrüten begann.

Wenn Sie die brütige Henne vom Hühnerstall zurücktragen, kann es vorkommen, dass ihr nicht gleich klar wird, wo ihr eigentliches Nest ist, bis sie wieder in ihre Routine findet. Ich nehme meine brütigen Hühner oft in die Hände. Sie gewöhnen sich schnell daran, jeden Tag von ihrem Nest gehoben zu werden. Die Unterbrechungen sind wichtig, damit die Henne lernt, sich um sich selbst zu kümmern, sodass sie in gutem Zustand ist, wenn die Küken schlüpfen. Füttern Sie ihr eine Mischung von Mais und Sonnenblumenkernen, die viel Energie liefern. Besonders wichtig ist, dass die brütende Henne jeden Tag die Gelegenheit zu einem Staubbad bekommt; sie wird es begeistert genießen. Checken Sie das Nest auch ständig auf Spuren von Rotmilben. Nach etwa zwei Wochen Brüten wechsle ich das Stroh, während die Henne Pause macht, damit sich keine Milben einnisten können. Solange das Nest noch gleich aussieht wie zuvor, macht ihr das nichts aus. Während der Brutpausen darf sich die brütende Henne auch unter die anderen Hühner mischen, damit ihr Platz innerhalb der Schar nicht vergessen wird. Sie würde sonst Schwierigkeiten haben, nach langer Abwesenheit wieder in die Schar zurückzukehren.

»Schieren« (durchleuchten) Sie die Eier nach ein bis zwei Wochen Brutzeit, um festzustellen, ob sie befruchtet sind. Halten Sie sie einfach in einem dunklen Raum vor die helle Taschenlampe ihres Handys. Ein befruchtetes Ei erkennen Sie an einer spinnenartigen Rosette der Blutgefäße sowie einen Luftsack. Wenn das Ei völlig klar erscheint oder leicht klappert, ist es unbefruchtet; in diesem Fall braucht die arme Henne ihr Nestsitzen nicht fortzusetzen – es sei denn, Sie können ihr ein paar vom Brutapparat ausgebrütete, ein oder zwei Tage alte Küken unterschieben. Damit dieser Pflegekükentrick funktioniert, sollten Sie die Küken eine halbe Stunde lang in einer Schachtel mit Luftlöchern neben das Brutnest stellen, damit die Henne die piepsenden Küken hört, wie das auch normalerweise der Fall wäre. Dann können Sie ihr ein Küken nach dem anderen langsam unter die Brustfedern setzen, damit die Henne sie spürt. Wenn die Henne die fremden Küken hört, fühlt und sieht, wird sie sehr bald glauben, dass es ihre eigenen Küken sind. Wird dieses naturnahe Verfahren nicht durchgehalten, wird sie die Küken nicht annehmen und vielleicht sogar angreifen.

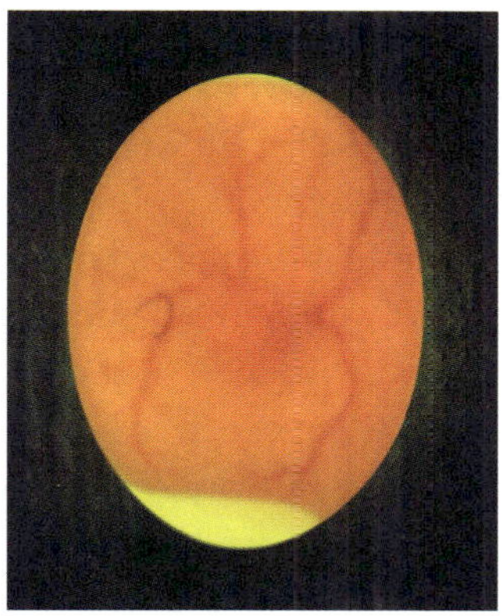

Geschiertes Ei mit gesundem Embryo, siebter Tag

Doch wenn alles gut geht, werden mindestens ein paar der ursprünglichen, echten Eier befruchtet sein, und die Küken werden schlüpfen. Das Schlüpfen kann recht lange dauern; die Henne muss am 20. und 21. Tag völlig in Ruhe gelassen werden. Störungen können das Schlüpfen der Küken verzögern; sie brauchen die Feuchte unter dem Körper der brütenden Henne, um sich aus der Schale zu kämpfen.

Hören Sie aufmerksam hin, bevor Sie die Henne nach 21 Tagen zur Kontrolle von ihrem Nest heben. Manche Hennen müssen dazu verlockt werden, das Nest zu verlassen, nachdem die Küken geschlüpft sind, aber es ist wichtig, dass die Henne ihre

Küken zum Fressen und Trinken anhält. Stellen Sie einen für Küken geeigneten Wasserspender auf, der einen schmalen, seichten Trinkbereich hat, sodass die Küken nicht darin ertrinken können. Füttern Sie sie mit proteinreichem Küken-Aufzuchtfutter, das auch Mittel gegen Kokzidiose-Parasiten enthält, die vor allem den Darm befallen; noch sehr junge Küken sind dafür besonders anfällig. Die kleine Familie muss absolut trocken gehalten werden; feuchter Einstreu tut jungen Küken überhaupt nicht gut.

Behalten Sie die Küken immer im Auge. Sie sollten lebhaft und aktiv sein, während die Henne sie aufmerksam umsorgt und ihnen zeigt, wo Futter und Wasser zu finden sind. Sie wird sehr aufgeregt sein, aber gute Mütter sind auch sanft und scharren nicht zu heftig, wenn die Küken in der Nähe sind. Checken Sie auch die Kloake (den Po) der Küken immer wieder auf Durchfallspuren, die auf ihrem Flaum eintrocknen können und die sie mit ein paar Tupfern mit warmem Wasser sanft säubern müssen.

Im Alter von rund zwei Wochen sind die Küken stark genug, um mit ihrer Mutter im Gehege frei herumlaufen zu dürfen, aber auch hier sollten Sie sie im Auge behalten. Gras und Sonne sind wichtig für ein gesundes Wachstum. Falls ein Freilauf nicht möglich ist, wäre ein beweglicher Hühnerstall (»Chicken tractor«) hilfreich, der immer wieder an neue Stellen verschoben werden kann. Wenn genug Platz zur Verfügung steht, wird die Mutterhenne ihre Küken leiten und vor den anderen Hühnern schützen, und auch die Küken selbst lernen, sich von anderen fernzuhalten. Wenn kein Auslauf vorhanden ist, sollte die Einführung einer Henne mit Küken in die Hühnerschar langsam und umsichtig erfolgen. Erwachsene Hühner können böse picken und manchmal Küken und Junghühner schwer verletzen, wenn ihnen diese nicht rechtzeitig aus dem Weg gehen.

Die meisten Mutterhennen werden gut auf ihre Küken aufpassen, bis diese sechs Wochen alt sind, und manche kümmern sich auch noch länger um sie. Oft tolerieren Hennen ihre weiblichen Küken länger als die männlichen. Die meisten Junghüh-

Eine gute Mutter beschützt ihr Küken

ner werden mit sechs Wochen auf Mastpellets umgestellt, aber manche langsamer reifenden Züchtungen, zum Beispiel die Cochins, können bis zur neunten Woche mit Küken-Aufzuchtfutter gefüttert werden. Nehmen Sie die Küken oft in die Hand, um ihr Gewicht zu prüfen.

IN EINER NATÜRLICHEN UMGEBUNG werden die Küken unter den Fittichen ihrer Mutter allmählich in die Schar eingeführt. Die Freiheit und der Auslauf gewähren einen gewissen Schutz vor Pickangriffen anderer Hennen. Aber in der heutigen Welt der Hühnerhaltung werden manchmal neue Hennen auch plötzlich aus Käfighaltung oder aus engen Hühnerställen in die Schar versetzt. Das jedoch sollte sehr langsam und mit sorgfältiger Planung erfolgen.

Hühner sind wie Kinder. Wenn man sie plötzlich zusammenbringt, gibt es eine klare, aber stabile Hackordnung. Es ist wichtig, dass Sie alle Hühner Ihrer ersten Schar gleichzeitig kaufen. Wenn Ihre Hennen gleichzeitig als Schar zusammenkommen, werden sie ihre Rangordnung relativ friedlich unter sich ausmachen, vor allem dann, wenn sie genug Auslauf haben, um sich gegenseitig aus dem Weg gehen zu können und genug zu tun und zu picken haben. Wenn Sie jedoch, sagen wir einen Monat später, beschließen, noch zwei weitere Hühner einer ganz anderen Züchtung anzuschaffen, die Sie vielleicht in einem Magazin entdeckt haben und nun unbedingt haben wollen, werden die bereits etablierten Hühner diesen armen Neuankömmlingen das Leben recht schwer machen.

Grundsätzlich sollten neue Hühner mindestens 21 Wochen alt sein, um sich gegen die Schikane anderer Hennen wehren zu können. In einem begrenzten Raum sollte man Junghennen nicht mit erwachsenen Hennen zusammenbringen, weil die jüngeren einfach noch nicht genug Selbstvertrauen besitzen. Sie würden die Pickangriffe der älteren Hühner unterwürfig ertragen und immer verängstigter und gestresster werden. Junghennen brauchen daher einen eigenen Stall und Auslauf, bevor sie allmählich in die Hauptschar eingegliedert werden, etwa indem man sie anfangs nur am Nachmittag zusammen ins Freie hinauslässt. Erst nach einer guten Weile, wenn die jüngeren Hühner älter und selbstsicherer geworden sind, können Sie sie nachts zwischen die etablierten Hühner setzen, damit sie zusammen aufwachen.

Leithennen lieben es, an den Futtergefäßen auf neue Hennen einzupicken, so ähnlich wie die Knastschläger in der Gefängniskantine. Daher ist es sinnvoll, noch zwei weitere Futterspender und Tränken aufzuhängen, damit auch die neuen Vögel genug zu fressen bekommen. Nehmen Sie die neuen Hennen oft auf den Arm und tasten Sie unter ihren Brustfedern nach dem Kropf, um festzustellen, ob sie gut fressen. Der Kropf sollte sich

Auch Junghühner brauchen Schutz

gut mit Körnern und Pellets gefüllt anfühlen. Ist der Kropf jedoch flach wie ein Pfannkuchen, bedeutet das, dass die Neuankömmlinge nicht genügend an das Futter herankommen und hungern. In diesem Fall müssen sie von der Schar getrennt werden. Neue Hennen werden vor allem abends schikaniert, wenn sie auf der Ruhestange hocken. Manchmal werden sie in irgendeine Ecke gepickt, wo sie sich hilflos zusammenkauern. Manche Hennen scheinen mit dieser Quälerei ihren Spaß zu haben.

In einer Gruppe frisch geschlüpfter Küken bildet sich recht schnell eine Hackordnung heraus. Von Anfang an sichern sich die Anführerin und die ihr direkt nachgeordneten Vögel den Vortritt bei der Futteraufnahme. Weiter untenstehende Hennen müssen sich zurückhalten oder werden weggejagt. Auf der Ruhestange werden die niedrigeren Hennen von den begehr-

Gleichzeitig ausgebrütete Küken werden manchmal von zwei Hennen gemeinsam aufgezogen

testen Plätzen verdrängt und sind oft die letzten, die schlafen gehen. Es mag uns so vorkommen, als würden sich die Hühner durch die Hackordnung von ihrer bösartigsten Seite zeigen, tatsächlich jedoch regeln sie das relativ entspannt unter sich, wenn man sie dabei nicht stört. So wirkt die Leithenne auf uns recht gierig und bösartig, aber man sollte nicht vergessen, dass sie ihre Krone sehr schnell an eine andere Henne verliert, sollte sie schwach oder krank werden. Es muss immer eine Leithenne geben, auch wenn ein Hahn im Hof lebt. Die Anwesenheit eines guten Hahns, der sich um seine Hennen kümmert, wird jedoch Spannungen abbauen und allgemein für einen besseren Umgang der Hühner miteinander sorgen. Hennen ohne Hahn werden Ihnen gegenüber zahmer sein, weil sie in Ihnen eine Art Ersatz-Gockel sehen – das große Ding, das sie jeden Tag füttert und mit ihnen spricht, wie es ein Hahn tun würde. Ich habe im Laufe der Jahre so manchen Hahn mit ausgeprägtem Charakter gehalten. Charlie, ein goldbrauner Cochin-Hahn, hatte genug Verstand, um zu lernen, dass er seine Hennen nachts ins Bett bringen und sich danach auf seinen Schlafplatz in der Garage verziehen musste, damit sein Hahnengeschrei am frühen Morgen die Nachbarn nicht verärgerte.

EINE HÜHNERSCHAR IM BLUMENGARTEN

DIE IN DIESEM KAPITEL vorgestellten Rassen sind für eine harmonische Haltung in Blumen- oder Staudengärten besonders gut geeignet. Und sie eigenen sich auch gut für Umgebungen, in denen ruhige Hühner gefragt sind, zum Beispiel in Pflegeheimen oder in Schulen.

Überraschenderweise sind es zwei besonders große, kräftige Hühnerarten, die sich gut in großen Gärten halten lassen: Cochin- und Brahma-Hühner. In der Hühnerwelt sind sie so etwas wie die Deutsche Dogge (im Englischen Great Dane genannt): riesig, stark und sehr schwerfällig. Diese Hühnerrassen mögen Ställe mit steilen Leitern nicht. Doch trotz ihrer Größe sind sie unglaublich fügsam, flattern nicht herum, und man kann sie getrost zwischen Sträuchern und Rosen herumlaufen lassen. Aber es gibt auch noch kleinere Rassen, die sich besser für kleinere Gärten eignen, etwa die Cochin-Zwerghühner und die Holländer Haubenhühner, die Sie entweder paarweise oder zu dritt in Kisten oder Archen mit festem Boden halten können. Da ihre Körper und ihre Füße sehr klein sind, richten sie weniger Schaden in den Beeten an. Die Cochin-Zwerge haben gefiederte Beine, die wie weite Hosen wirken und Ihre Gartenpflanzen schützen, weil die Tiere nicht so stark scharren können. Sie sollten jedoch bedenken, dass all diese Hühnerrassen bei jeder Gelegenheit gerne an Pflanzen picken.

Die Zuchtabsicht all dieser Blumenbeet-Hennen war stets auf ihr Aussehen gerichtet, und tatsächlich erwecken sie manchmal den Eindruck von flauschigen Kissen oder haben extravaganten Kopfschmuck. Die Holländer Haubenhühner staksen wie nervöse Catwalk-Models daher, und die Cochin-Zwerghühner watscheln wie wandelnde Teekannenwärmer durch den Garten und stauben den Boden ab. Aber ihr ganzes üppiges Gefieder muss immer wieder gewaschen und getrocknet werden; halten Sie auch immer eine Schere bereit, um verkrusteten Dreck herauszuschneiden. Ersparen Sie den Vögeln den nassen und matschigen Boden im Winter und checken Sie sie häufig auf Milbenbefall.

Diese reinrassigen Prinzessinnen legen ihre Eier in mehreren Gelegen vor allem im Frühjahr und Sommer. Sie sehen ihre Eier als etwas, das unbedingt ausgebrütet werden muss. Bei ihnen müssen Sie daher mit sehr sturer Brütigkeit rechnen. Die Holländer Haubenhühner bilden die Ausnahme – im Gegensatz zu den anderen Rassen sind sie gute Legehennen, zufriedene und zugleich mütterliche Glucken, die ihren Haltern endlose Zuneigung entgegenbringen, sich problemlos auf den Schoß setzen lassen und sogar durchs Haus spazieren, wenn sie die Gelegenheit dazu bekommen.

COCHIN Diese riesigen, prächtigen Hühner mit ihren weiten Hosenbeinen haben die freundlichsten Hühnergesichter und besitzen ein sanftes und rücksichtsvolles Wesen. Sie zeigen eine gewisse Ähnlichkeit mit den Orpington-Hühnern, haben aber gefiederte Füße. Wie bei den Orpingtons ist gelbbraun der am Weitesten verbreitete Farbschlag, den Debo in Chatsworth berühmt gemacht hat. Die beiden Züchtungen werden oft miteinander verwechselt – ärgerlicherweise, weil das vermutlich der Grund ist, warum Cochin-Hühner weit seltener gehalten werden.

Gelbbraune Cochin-Henne

Cochin-Hühner wurden 1843 erstmals aus China in Großbritannien eingeführt.

Sie sahen so ganz anders aus als die damals verbreiteten normalen Hühner und eroberten das Land im Sturm. Die britische Königin Victoria erhielt die ersten Exemplare als Geschenk; sie wurde eine begeisterte Cochin-Halterin und trug wesentlich dazu bei, die Züchtung bekannt zu machen.

Rebhuhnfarbig-gebänderte Cochin-Henne

In der breiteren Öffentlichkeit lösten die Cochin-Hühner große Begeisterung aus, als sie 1850 bei der Geflügelausstellung in Birmingham präsentiert wurden. Lewis Wright berichtete in seinem 1872 erschienenen *Illustrated Book of Poultry*: »Jeder Besucher kehrte nach Hause zurück und berichtete von diesen neuen, wundervollen Hühnern, die so groß wie Strauße waren und wie Löwen brüllten, gleichzeitig jedoch so sanft wie Lämmer.« Diese Vögel, die man Cochin China Fowl nannte, waren damals so gefragt, dass für ein einziges Huhn der exorbitante Preis von 2587 Pfund bezahlt wurde. Man kann die damalige »Hühner-Manie« durchaus mit der Großen Tulpenmanie des 17. Jahrhunderts vergleichen, der berühmten Spekulationsblase um Tulpenzwiebeln. Hühner wie die Cochin oder wie die anderen asiatischen Rassen, die ihnen folgten, hatte man in Europa noch nie gesehen.

Die Begeisterung für Hühner wurde von Königin Victoria befeuert, die ihre Hühner öffentlich präsentierte und deren Eier sogar an ihre weit gestreute Verwandtschaft auf dem Kontinent verschickte. Ob sie verspeist oder bebrütet wurden, ist nicht bekannt. Zuvor war Großbritannien eher dafür bekannt gewesen, dass dort Hühner vor allem wegen der Eier oder für den Kochtopf gehalten wurden – und die Hähne für Hahnenkämpfe.

Interessant ist auch, dass die »China Cochins Ihrer Königlichen Majestät« auf zeitgenössischen Gemälden ganz anders aussehen als die Cochins, wie wir sie heutzutage kennen. Das heutige Cochin-Huhn ist ein riesiger, ruhiger Federbausch. Es hat ein so flauschig-weiches Gefieder, dass seine Daunen als Kissenfüllmaterial verwendet wird.

Als Halter sollten Sie strikt darauf achten, dass diese großen Hühner nicht zu fett werden. An heißen Tagen geht es ihnen wie übergewichtigen Senioren, die lieber gern still im Schatten sitzen bleiben. Cochin-Küken reifen nur langsam und müssen mehrere Monate länger als andere Küken mit Züchterpellets gefüttert werden. Der Flaum an Beinen und Flügeln wird schnell sehr dicht, und man braucht ein gutes Auge, um Junghennen von Junghähnen unterscheiden zu können.

Es ist kaum erstaunlich, dass diese besondere Rasse starke Zuneigung hervorruft. Ich freue mich, dass der britische Cochin-Zuchtclub bei Emma Armstead in guten Händen ist, die auf ihrer Farm in Yorkshire viele Cochins hält, die sie auch ausstellt. Es ist natürlich sehr anstrengend, diese riesigen Hühner zu baden und zu föhnen. Glücklicherweise stehen Emma nun ihre Söhne zur Seite, die offenbar ihre Liebe zu dieser Rasse von ihr geerbt haben.

Schwarz-weiß-gesperberte Cochin-Henne

BRAHMA In diesem Buch werden Sie die alten englischen Rassen nicht finden, die früher (und leider auch heute, wenn auch illegal) für Hahnenkämpfe verwendet wurden. Diese Tiere sind mir einfach zu wild, als dass ich sie halten wollte. Aber bei so manchen Brahma-Hühnern fallen mir ähnliche Merkmale auf – etwa ein herausfordernder Gesichtsausdruck, kühn blickende Augen und der typische kleine, feste Erbsenkamm. Zu diesem Gesicht gesellt sich ein überdimensionaler, hoch aufgerichteter, schwerfälliger Körper. Die Hähne sind einfach zu groß und kommen mir unproportioniert vor. Wenn Sie Brahma-Hühner kaufen wollen,

Silberfarbig-gebänderte Brahma-Henne

Gelb-schwarzcolumbia Brahma-Henne

rate ich dazu, sich erst einmal eine Art Schönheitsparade vorführen zu lassen, um zu vermeiden, dass Sie Exemplare mit Habichtgesicht erwerben. Manche Hennen sehen sanfter aus; diese würde ich auch in meinen Hühnerhof aufnehmen – wenn ich genug Platz hätte!

Trotz ihres Namens, der auf den indischen Fluss Brahmaputra zurückgeht, wurden die Brahmas in Nordamerika gezüchtet, vermutlich durch Kreuzungen mit anderen Rassen asiatischer Herkunft. Sie haben meist eher helle Farbschläge, die mich ein wenig an die Halsfedern der Light Sussex erinnern. Der im Englischen »Buff Columbian« genannte Farbschlag der Brahma-Henne ist mit dem dunkelgelb-goldenen, einem Rebhuhn ähnelnden Gefieder meiner Ansicht nach die attraktivste Variante.

Trotz meines ungünstigen ästhetischen Urteils haben die Brahmas eine große und treue Anhängerschaft; sie müssen wohl einen Reiz besitzen, der mir entgeht.

Bei der britischen Nationalen Geflügelschau werden viel mehr Brahmas als Cochins ausgestellt. Sie zeigen auch eine viel bessere Legeleistung. Neben den Cochins hielt Königin Victoria auch Brahmas und verschaffte ihnen damit größere Aufmerksamkeit.

Weiß-schwarzcolumbia Brahma-Henne

Die ersten Brahmas erhielt die Königin von George Burnham, einem amerikanischen Geflügelhändler. Er schickte ihr insgesamt neun Tiere in einer auffälligen violett-goldfarbenen Kiste, adressiert an »The Queen of Great Britain«. Vielleicht machte er sich Sorgen, dass seine kostbare Sendung vergessen oder verloren gehen würde; die auffälligen Farben der Kiste sollten dies wohl verhindern.

Faverolles Diese französische Hühnerrasse ist unglaublich reizend. Die Henne hat einen kleinen, flauschigen Bart unter dem Schnabel, und ihre Flügel schmiegen sich an einen rundlichen, weichen Körper. Im Vergleich zu einer Cochin-Henne sind die Beine nur leicht mit Flaum bedeckt, sodass sie immer gut zu sehen sind – nicht wie bauschige Pyjamahosen, eher wie »Wollsocken«. So kann sie im Garten herumlaufen, ohne Dreckklumpen an den Beinen mit sich zu schleppen. Ihr Bart muss immer wieder gereinigt werden, am besten mit einem warmen, weichen Waschlappen. Der Bart verleiht diesen Hühnern ein bizarr-kultiviertes, exotisches Aussehen, vor allem den Hähnen. Sie sehen nicht nur fantastisch aus, wenn sie durch den Hof rennen, sondern die Hennen legen auch gut, auch im Winter, und werden sehr zahm.

Lachs-Faverolles-Hahn

Bei den Faverolles geht mir immer sofort das Weihnachtslied *Die Zwölf Weihnachtstage* durch den Kopf, in dem von »drei französischen Hennen« die Rede ist. Das Lied war in einem Jahr auch einmal das Thema der Weihnachtsdekoration im Schloss Chatsworth. In einem der Prunksäle hatte man eine Hühnerarche unter einem riesigen Weihnachtsbaum aufgestellt und mit Stroh ausgelegt. Darinnen saßen drei echte französische Hennen, die überhaupt nicht auf die vielen Zuschauer und all die glitzernden Lichter achteten. Und natürlich waren es Lachs-Faverolles, mit hübschen Bärten und cappuccinofarbenen Rückenfedern. Sie waren vom Chatsworth-Bauernhof ausgeliehen worden und schienen sich richtig heimelig zu fühlen. Die Veterinärin und Hühnerhalterin Sabina Richardson setzt sich engagiert für die Faverolles ein. Ich besuchte sie, um

Lachs-Faverolles-Henne

die vielen Hühnerrassen zu fotografieren, die sie hält. Sie hält sie sowohl in der Groß- wie auch in der Zwergform und engagiert sich auch in Züchterclubs für seltene Hühnerrassen wie die Lachs-Faverolles und die kuckucksblaue und die blau-gesäumte Faverolles-Variante. Das Deutsche Lachshuhn ist eine Weiterzüchtung des Faverolles-Huhns.

Chamois-weißgesäumter Haubenhuhn-Hahn

(HOLLÄNDER) HAUBENHUHN Ist es besonders tierlieb, Hühner mit einem so mächtigen Federbüschel auf dem Kopf zu züchten, dass das Tier kaum noch etwas sehen kann? Ich bin mir nicht sicher, ob mich diese Meisterwerke menschlicher Herumpfuscherei am Gefieder der Hühner faszinieren soll oder nicht. Aber die Grenzen des Erträglichen sind überschritten, wenn man ein Huhn züchtet, das gegenüber seinen Artgenossen mit weniger buschigem Kopfschmuck deutlich im Nachteil ist. Aber vielleicht gerade deshalb, weil sie so schlecht sehen können, gehören sie zu den Tieren auf den Geflügelausstellungen, die sich untadelig benehmen und die man deshalb in ihrer ganzen Pracht bewundern kann. Es ist, als spürten sie, dass sie nur dafür da sind.

Haubenhühner werden von anderen Hühnern gern schikaniert, weshalb man ihnen genug Raum und eine Auswahl an Ruheplätzen bieten sollte. In einer Zwerghuhn-Schar oder zusammen mit zahmen Riesen wie den Orpington-Hühnern kommen sie jedoch gut zurecht. Die Hähne sind unglaublich lebhaft und übernehmen pflichtschuldig die Leitung einer Legehennen-Gruppe, gleich welcher Rasse. Ich fürchte jedoch, dass sie von jedem Hahn, der keine Haube trägt, buchstäblich zerpflückt werden könnten.

Haubenhühner werden in den Vogelgemälden des holländischen Malers Melchior d'Hondecoeter (1636–1695) oft dargestellt, sodass wenig Zweifel daran besteht, dass das Holländische

Haubenhuhn tatsächlich eine europäische Züchtung ist, allerdings vermutet man, dass es weder aus Polen stammt, wie ihr englischer Name besagt, noch aus Holland. Vielmehr wurde die Züchtung zunächst Padua-Huhn genannt und könnte somit aus Italien stammen, aber ihre genaue Herkunft ist unbekannt.

Ich selbst habe viele Haubenhühner gehalten und kenne die Rasse. Sie sind überraschend robust, sofern man ihnen Schutz vor dem Wetter bietet und ihren Federschopf regelmäßig auf Milben untersucht. Die Hennen sind gute Legerinnen, und ihr Bruttrieb ist ebenfalls kein Problem.

Silber-schwarzgesäumte Haubenhuhn-Henne

Im Federschopf verbirgt sich eine Art Beule, eine dünne Schädelknochenmembrane, die man bei frisch geschlüpften Küken sehr gut sehen kann, bevor ihr feuchter Daunenbesatz trocknet. Die Küken wachsen sehr schnell, und ihr Sehvermögen wird in der ersten Zeit durch die Federhaube nicht eingeschränkt, sodass sie sich für eine Weile sehr gut zurechtfinden. Behandelt man die Küken in diesem Stadium gut, werden sie als erwachsene Hennen viel ruhiger sein und geraten auch nicht in Panik, wenn ihr üppiger Kopfschmuck voll ausgewachsen ist. Haubenhühner, die an den Umgang mit ihrem Halter nicht gewöhnt sind, neigen dazu, sehr flatterhaft zu sein, bis sie sich an die neue Umgebung gewöhnt haben.

Chamois-weißgesäumte Haubenhuhn-Henne

Gold-schwarzgesäumte Haubenhuhn-Henne

Mit all diesen Eigenschaften – der guten Legeleistung, dem zahmen Charakter und dem guten Aussehen – bieten die Haubenhühner das Beste von allem. Bei den Haubenhühnern gefällt mir der Farbschlag

Chamois mit dem schönen honigfarbenen Gefieder am besten. Auch die im Englischen »Kuckuck« genannte Variante sieht sehr elegant aus, aber das Titelbild-Model unter ihnen ist wohl der Farbschlag mit schwarzem Körper und weißer Haube. Manche Varianten tragen Bärte, was sie noch aufregender aussehen lässt. Aber die Züchtungen mit struppigem Gefieder sind mir einfach zu viel, sie sehen aus wie eine verunglückte Dauerwellenfrisur. Wie sollen sich diese Vögel warmhalten können, wenn jede einzelne Feder vom Körper weg gekräuselt ist?

SEIDENHUHN Diese flauschigen Hühner sind so etwas wie die Angora-Kaninchen der Hühnerwelt. Sie sind oft so brütig, dass man sie sogar auf Falläpfeln hat brüten sehen. Das soll Sie davor warnen, wie sehr sich diese charaktervollen Ladys danach sehnen, Mutterhennen zu sein. Keine Glucke sieht glücklicher aus als eine Seidenhuhn-Henne, die sich in einem Brutnest ihrer Aufgabe widmet – so voller Freude, dass sie auf einem Gelege sitzen und es ausbrüten darf. Und keine Henne ist so mürrisch und stur wie ein Seidenhuhn, dem das Brüten nicht mindestens einmal im Jahr erlaubt wird. Die genaue Herkunft des Seidenhuhns ist unklar; in Großbritannien wurde es 1850 erstmals aus Indien eingeführt. Der Forschungsreisende Marco Polo erwähnte, dass er auf seinen Reisen Hühner gesehen habe, die eher ein Fell statt eines Gefieders getragen hätten. Tatsächlich weisen ihre Federn nicht das strukturelle Gewebe einer normalen Feder auf, weshalb sie weich und seidig erscheinen. Selbst die längsten Flügelfedern (Schwungfedern) sind so beschaffen, was bedeutet, dass ein Seidenhuhn kaum mehr als ein bisschen flattern kann. Mit einem solchen Federkleid können sie sich nicht dem Regen aussetzen, wohingegen ihnen die Kälte nichts ausmacht, solange sie sich im Winter an einem trockenen und windstillen Platz aufhalten können.

Weiße Seidenhuhn-Henne

Weil sie so klein sind, kann man Seidenhühner leicht für Zwerghühner halten, tatsächlich aber gibt es sie sowohl als Großhuhn wie auch als Miniatur-Zwerghuhn. Letztere sind in der Tat sehr klein und recht nutzlos, solange sie nicht ihre eigenen oder die Eier anderer Zwerghühner bebrüten.

Im Gesicht des Seidenhuhns zeigt sich ihre schwarze Hautfarbe, und es präsentiert schöne türkisfarbene Ohrscheiben. Dem Hahn wächst ein riesiger Kamm, der wie eine überreife Brombeere aussieht – meine Mutter fand ihn immer furchtbar, und ich muss ihr zustimmen. Ich mag meine Silkies am liebsten in ihrem traditionellen weißen Seidenfarbschlag, aber auch die im Englischen »Golden Silkies« genannten (gelben) Tiere sind sehr schön, und die schwarzen Silkies sehen mit ihren außerordentlich dunklen Augen richtig süß aus.

Weiße Seidenhuhn-Henne

In einem amerikanischen Dokumentarfilm *The Natural History of the Chicken* ist eine wunderbare Lady namens Karin Estrada zu sehen, die mit ihrem Seidenhuhn-Hahn namens Cotton in Florida lebt. Die beiden hörten gemeinsam klassische Musik und gingen sogar zusammen einkaufen. Cotton durfte sich im ganzen Haus frei bewegen, wobei er ein cleveres kleines Windelhöschen trug. Karin sah in ihm einen Seelenverwandten. Eher das Gegenteil davon ist, dass Seidenhühner in der chinesischen Küche aufgrund ihres sehr dunklen Fleisches als Delikatesse gelten.

Seidenhuhn-Eier sind sehr klein. Hat eine Henne ein Dutzend oder so Eier gelegt, wird sie ihre berühmten Brutsignale zeigen. Wenn Sie sich den ständigen Kampf gegen die Hennen ersparen wollen, müssen Sie die Eier einer Silkie-Schar mehrmals täglich einsammeln. Aber selbst dann werden sich manche Hennen hinsetzen, als würden sie brüten. Normalerweise bleiben brütige Hennen im Stall. Wenn sie

Weiße Seidenhuhn-Henne

von Kindern gehalten und sehr oft auf den Arm genommen und gestreichelt werden, lassen sie sich vom Brüten ablenken. Es sind liebe, sanfte und sehr gesprächige kleine Hühner.

Seidenhühner gehören zu den Rassen, deren Geschlecht am schwersten zu erkennen ist. Sie müssen sich bis ungefähr zur 15. Woche gedulden, wenn die Junghähne zum ersten Mal krähen. Davor ist ein sehr geübtes Auge nötig, um einen Irrtum bei der Geschlechtsbestimmung zu vermeiden. Ich würde ohnehin davon abraten, Silkies zu kaufen, die jünger als 25 Wochen sind, weil sie in diesem Alter noch sehr anfällig für die Marek-Krankheit (auch Mareksche Lähme genannt) sind. Für Kinder, die gerade erst mit der Hühnerhaltung angefangen haben, ist nichts trauriger, als mitansehen zu müssen, wie die kleinen flauschigen Hühnchen diesem grausamen Herpesvirus zum Opfer fallen. Die Krankheit kommt aus dem Nichts und innerhalb weniger Tage verschlechtert sich der Zustand des befallenen Vogels dramatisch. Zuerst hinkt er oder taumelt wie betrunken, bis er nicht mehr gehen kann. Die Flügel hängen herab; das Virus greift das Nervensystem brutal an. Das traurige Leiden kann nur durch die Keulung beendet werden. Um das zu vermeiden, sollten die jungen Vögel nur bei einem professionellen Geflügelhändler oder Liebhaber gekauft werden, der zusichert, dass die Hühner geimpft sind. Oder Sie kaufen nur erwachsene Hennen.

Gelbe Seidenhuhn-Henne

ZWERG-COCHIN Zwerg-Cochins sind so etwas wie die Shetlandponys der Hühnerwelt, kleine Vögel mit gefiederten Beinen und mit bewundernswertem Selbstbewusstsein. Sie haben einen wirklich großartigen Charakter, einerseits liebenswert, andererseits ziemlich arrogant. Unter den Hobbyhühnern gehören sie sicherlich zu den beliebtesten.

Ihr englischer Name ist Pekin Bantam und bezeichnet ihre Herkunft. Sie wurden 1860 während der Englisch-Französischen Expedition aus dem Pekinger Palast gestohlen. Die Zwerghühner hatten angeblich in unmittelbarer Nähe des Kaisers leben dürfen.

Gelbe Zwerg-Cochin-Henne
Gelber Zwerg-Cochin-Strupphuhn-Hahn

Die ältesten Farbschläge sind gelbbraun und schwarz, aber inzwischen gibt es so viele Farben, dass ich gar nicht erst versuchen werde, sie aufzulisten. Mein Lieblingsfarbschlag ist gelbbraun. Die Henne sollte eine orangerote Farbe haben; die hellere, eher gelbe Variante, im Englischen Lemon-Pekin genannt, sieht im Vergleich dazu eher verwaschen aus. Der englische Farbschlag Lavender dürfte wohl am beliebtesten sein; diese Hühner sehen in einer Schar mit blau-gesäumten Züchtungen sehr schön aus. Sehr edel sehen auch die gelb-gesperberten Vögel aus, die wunderschöne, feine Federn aufweisen, und es wurden auch Zwerg-Cochins mit silberfarbig gesäumtem und gold-porzellanfarbigem Federkleid gezüchtet. Wie bei den Holländischen Haubenhühnern gibt es auch bei den Zwerg-Cochins Züchtungen mit krausem, gelocktem Gefieder (Strupphuhn genannt), was sie in meinen Augen eher wie Igel aussehen lässt.

Es gibt eine gewisse Verwirrung zwischen den Bezeichnungen »Pekin« und »Cochin«. Es ist jedoch dieselbe Zwerghuhn-Rasse – es sollten eigentlich sehr kleine Vögel sein, leider wurden sie in letzter Zeit aber auch größer gezüchtet. Es ist schade, dass damit ihr ursprünglicher Charakter so verwässert wird, was unter Hühnerhaltern umstritten ist und auch damit zu tun hat, dass das Pekin-Zwerghuhn überall, nur nicht in Großbritannien, Cochin-Zwerghuhn genannt wird.

Die Beliebtheit dieser Rasse auf dem Markt für Hobbyhühner hat jedenfalls ihrer Reinrassigkeit nicht gutgetan; man bekommt heutzutage viele Tiere zu sehen, die nicht mehr wie früher wie flauschige Teekannenwärmer aussehen. Ein echtes

Blaue Zwerg-Cochin-Henne und silber-rebhuhnfarbige Zwerg-Cochin-Henne

Cochin-Zwerghuhn sollte eher an die Form einer Tasse mit Untertasse erinnern: ein rundlicher, bauschiger Körper, der auf einer Art Feder-Untersetzer daher watschelt. Die rassenreinsten Zwerg-Cochins, die bei den Geflügelausstellungen Preise einheimsen, tragen die Brust leicht nach vorn geneigt. Leider haben die preisverdächtigen Tiere oft recht blasse Gesichter und sehen aus, als könnten ihnen ein paar Tage in der Sonne und im Gras guttun, wären ihre Halter nicht so ängstlich besorgt, dass sie sich die Federn schmutzig machen könnten, weshalb sie sie meistens im Stall halten. Tatsächlich sammelt sich an ihren Fußfedern wie bei ähnlichen Züchtungen viel Mist an, weshalb man im Winter darauf achten und ihnen alle paar Wochen ein warmes Fußbad gönnen sollte. Oft hilft auch ein leichtes Trimmen ihres Fußflaums, um die Fußbefiederung sauber zu halten.

Lavendel-Cochin-Zwerghenne und -hahn

Cochin-Hennen legen im Frühjahr und Sommer ein paar Dutzend Eier, dann legen sie eine Pause ein und werden oft brütig. Die kleinen Hennen sind sehr gute Mütter und Brüterinnen. Ihr Bruttrieb ist sehr ausgeprägt; oft sitzen sie wochenlang auf nichts, weshalb Sie darauf achten sollten, dass solche Hennen nicht zu viel Gewicht verlieren und kraftlos werden. Wenn eine Henne stur brütig wird, sollte sie für eine Weile in einer Strafkiste sitzen, um ihr wieder ein aktiveres Hühnerleben anzugewöhnen. Das kann ein sicheres Behältnis mit Maschendrahtboden sein, damit sie auch von unten gekühlt wird – das wird ihr die Idee austreiben, auf Eiern zu sitzen –, aber sie können sehr stur sein.

Gelb-rebhuhnfarbige Cochin-Zwerghenne

Manchmal hilft ein warmes Bad und eine Federwäsche mit Babyshampoo mit anschließendem Föhnen, um sie aus ihrer Brütigkeit zu holen. Eine besonders blassgesichtige Henne können Sie auch mit Karottenbrei-Babynahrung füttern.

Die älteste Henne, der ich je begegnet bin, war eine silber-rebhuhnfarbige-Cochin-Zwerghenne namens Bully Girl, die in einem Buchladen lebte und von ihren Haltern Cate und Nash wunderbar gepflegt wurde. Bully Girl erreichte das hohe Alter von zwölf Jahren und überlebte alle Schwestern ihrer Schar. Sie wohnte sogar im Haus und saß gewöhnlich brütend auf dem Teppich im Flur.

Die in meiner Erinnerung bemerkenswertesten Charakterhühner waren allesamt Cochin-Hennen, darunter auch Claudia, eine blaue Cochin-Henne. Sie kam zu mir, nachdem sie ein paar Monate lang mit Mopsen und kleinen Kindern in einem Hinterhof gelebt hatte. Davor war sie in einem Kleingarten gehalten worden, aber ihre Schwestern und der Hahn waren nachts von Ratten getötet worden. Ihre Halter fragten per Facebook bei mir an, ob ich sie übernehmen wolle. Sie war mutig und trat meinen eigenen Cochin-Zwerghühnern sehr selbstsicher entgegen, ließ sich von ihnen nichts gefallen und setzte sich schon nach ein paar kurzen Raufereien an die Spitze der Hackordnung. Jede Wette, dass sie auch den Mopsen klar gemacht hatte, wer das Sagen hatte! Heute reist sie mit mir überall im Land herum, nimmt alles sehr gelassen – oft im Gegensatz zu mir – und ist immer entspannt und ruhig. Claudia wurde nach der britischen TV-Moderatorin Claudia Winkleman benannt, weil die kleine Henne ähnlich beherzt und glamourös daherkommt wie die TV-Dame. »Meine« Claudia trat sogar in der BBC-Gartensendung *Gardeners' World* auf und gackerte dem Land auch mal in der *Zoe Ball Breakfast Show* auf BBC Radio 2 etwas vor.

GÄRTNERN MIT HÜHNERN

OFT BEKOMME ICH ZU HÖREN: »Ich kann keine Hühner halten, sie würden meinen Garten ruinieren!« Um ehrlich zu sein, muss ich zugeben, es stimmt: Hühner im Garten zu halten, kann einem schon bald so vorkommen, als wäre eine Horde pickender Dämonen über die Blumenbeete hergefallen. Das gilt besonders dann, wenn Sie als Gärtnerin oder Gärtner sehr ordentlich oder gar penibel sind. Haben Sie sich jedoch dazu entschlossen, Hühner in Ihrem Garten zu halten, ist das ein guter Hinweis, dass Sie auch mit ein bisschen Nachlässigkeit und Ärger zurechtkämen, die damit unvermeidlich verbunden ist. Und das müssen Sie auch, wenn Sie nicht ständig in Tränen ausbrechen wollen. Auf jeden Fall werden Sie den Seufzer, »Oh, okay, macht nichts« öfters als früher ausstoßen müssen.

Wenn Sie den freien Auslauf von Hühnern in Ihrem Garten nicht nur dulden, sondern sich darüber freuen wollen, müssen Sie Ihre Einstellung zum Gärtnern ändern. Die Hennen zwingen Sie, sich nicht mehr von Ihrem »grünen Daumen« beherrschen zu lassen, was grundsätzlich nicht schlecht sein kann. Es braucht Zeit, Ihren Garten so umzustellen, dass sich die Hühner darin wohl fühlen, aber im Ergebnis wird Ihr Garten dann ein wunderbar belebtes Stückchen Erde sein.

Aus der Perspektive einer Henne ist jede Pflanze ein Gegenstand, den es mit dem Schnabel zu erkunden und zu bepicken gilt, und jedes Fleckchen Boden verlockt ihre Krallen zum Scharren. Der Garten weckt die Urinstinkte der Hühner – sie sind Dschungeltiere. Hühner genießen das sichere Gefühl, das ihnen niedriges Gestrüpp über dem Kopf bietet. Sie baden gerne in trockener Erde. Äste von Obstbäumen, Zäune und Gartenmöbel werden sie tagsüber als Ruheplätze nutzen. Sie werden feststellen, dass Ihre gesamte Schar andere dynamische Verhaltensmuster entwickeln, wenn die Hühner frei miteinander im Garten herumlaufen dürfen. Und wenn sie Ihre Gartenbank als Ruheplatz nutzen, sollten Sie immer einen Handbesen in der Nähe haben, um ihre Hinterlassenschaften wegzuwischen. (Am besten warten Sie damit, bis die Sonne sie getrocknet hat!)

Hennen chillen auf einem Gartenstuhl

Manchmal finden Hennen Ihre Blumenbeete so bequem, dass sie dort ihre Eier legen wollen. Achten Sie daher auf ihr Legegackern, das Sie zu diesen geheimen Nestern führen wird. Die Natur scheint töricht gewesen zu sein, als sie den Hennen das Legegackern befahl, mit dem sie jedem Eierdieb den Legeplatz verraten. Aber manche Hennen sind ziemlich gewitzt darin, den tatsächlichen Ort nicht laut zu verkünden. Ich habe schon viele Versteckspiele mit meinen Hennen gespielt und bin gebückt hinter ihnen hergeschlichen, wenn sie geschäftig die Gartenwege entlangeilten und dann blitzschnell und still in ihren geheimen Nestern verschwanden. So manche Henne tauchte dann Wochen später mit einer kleinen Schar putzmunterer Küken wieder auf.

Hühner in einem kleinen Garten in der Stadt zu halten, ist etwas ganz anderes, als sie in einem großen ländlichen Garten oder auf einem Bauernhof zu halten. Im Landgarten lassen sich verschiedene Bereiche mit Hecken oder Zäunen einhegen, sodass nicht der ganze Garten von der Hühnerhaltung betroffen ist. Auf einem kleinen Grundstück mit entsprechend kleinem Auslauf hingegen wirken sich die Hennen viel stärker aus. Man muss Verständnis für ihr Verhalten aufbringen und den Garten entsprechend anpassen, um ein harmonisches Verhältnis zwischen Pflanzen und Hühnern herzustellen.

Insgesamt jedoch kann man Hühner zu den Nutztieren rechnen, die man sehr leicht und relativ umstandslos im Garten halten kann. Im Vergleich zu Ziegen oder Pfauen sind Hühner wahre Gartenheilige.

MEINE MUTTER ENTDECKTE damals als Erste das Geheimnis der Hühnerhaltung in einem Vorstadtgarten. Allerdings gelangte sie erst nach einer Phase der Verzweiflung an diesen Punkt, nachdem die Hennen im Garten gewütet und all ihre neu gesetzten Zierpflanzen, vor allem Goldlack, bis auf die kahlen, toten Stängel zerpickt hatten.

Wir hielten damals Marans, Welsumer und Black Rock – allesamt zahme, schwergewichtige Legehennen. In den zwei Jahren, in denen meine Eltern mit der Renovierung unserer Doppelhaushälfte beschäftigt waren, hatten die Hennen in unserem neuen Garten völlig freien Auslauf. Fröhlich scharrten sie unter Ziegelsteinen und Gerüstteilen herum und bedankten sich für

Zwerghühner sind gartenfreundlicher als Großhühner, was in kleinen Gärten besonders wichtig ist

ihr neues Zuhause mit jeder Menge Eiern. Jeden Morgen veranstalteten sie ein Gackerkonzert, bis sie aus dem kleinen Stallgehege herausgelassen wurden und sofort das gesamte Grundstück in Beschlag nahmen. Hühner haben keine Vorstellung von Grenzen und Zäunen, zumal sie schnell überzeugt sind, dass das Gras auf der anderen Seite des Zauns immer grüner ist als in ihrem Auslauf.

Doch dann fing Mum an, neue Beete und Rabatten anzulegen und zu bepflanzen. Aber die Hennen hatten sich inzwischen an ihr Reich gewöhnt, und ihre Gewohnheiten passten nicht so recht zu den Kräuter- und Blumenbeeten eines Cottage-Gartens. Sie veranstalteten eine Art Amoklauf. Ihre Krallen zerfetzten die saftigen Stängel der von Mum liebevoll ausgesuchten Stauden, die sie über Wochen hinweg auf dem Markt gekauft hatte. Die Wurzelballen wurden aus der Erde gerissen und brutal zu Tode gehackt. Der überall herumliegende Hühnerkot fiel nun immer störender ins Auge, als die Gerüste und Baumaterialien allmählich verschwanden und neue gepflasterte Gartenwege angelegt wurden. Mum bemühte sich verzweifelt, den völlig freien Hühnerauslauf in einen hübschen, kleinen Cottage-Garten zu verwandeln.

Im ganzen Garten legten wir neue Beete an, die sich von einem neu angelegten Rasen in der Mitte strahlenförmig zu den Hecken erstreckten, die das Grundstück eingrenzten. Ich unternahm einen ersten Versuch, die Pflanzen zu schützen, und benutzte dafür grünes Gemüseschutznetz aus Kunststoff, das ich fest an Bambusstöcke band und über jedes Beet spannte. Auf dem Boden fixierte ich es mit übrig gebliebenen Ziegelsteinen. So sah jedes Beet wie ein hässlicher grüner Festungswall aus.

Kaum hatten wir die Hühner aus dem Stall entlassen, flogen sie auch schon über die neuen Beete hinweg. Sie wollten unter den Hecken picken und sich dort aufhalten. Wir waren so gierig gewesen, dass wir die Beete bis direkt an ihr Hecken-Territorium angelegt hatten und nun versuchten, sie von den Hecken fernzuhalten. Aber die Hennen wehrten sich und flatterten beleidigt und mit wütendem Gegacker immer wieder über das Netz hinweg.

Sie hatten jedes Recht, rebellisch zu sein, denn unsere unüberlegten Aktionen hatten ihnen ihre natürliche Deckung und ihre Staubbad-Plätze genommen. Unsere hässlichen Verteidigungsanlagen hatten nicht nur nicht funktioniert, sondern auch noch einen direkten Konflikt zwischen der Schar und ihren Haltern provoziert. Ein Hühner-Gärtner sollte sich klarmachen und akzeptieren, dass diese Flecken mit trockenem, puderartig feinem Erdboden für die Hennen reserviert bleiben müssen – es sind ihre Staubbadestuben.

Rückblickend ist mir klar, warum wir in diesen ständigen Konflikt zwischen Garten und Hühnern geraten waren. Wir hatten keine Ahnung gehabt, welche Pflanzen den Hühnern widerstehen konnten. Wir hatten das Verhalten der Hühner nicht genau genug beobachtet. Und wir hatten uns keinen auch ästhetisch sinnvollen Plan ausgedacht, wie wir die Pflanzen vor den Hühnern schützen konnten. All das zusammen führte dazu, dass uns dieser Konflikt ständig Kopfschmerzen bereitete.

Wir lernten dabei eins: Man kann nur *mit* den Hühnern gärtnern, nicht *gegen* sie, wenn man Harmonie herstellen und sich nicht ständig Sorgen machen will, was sie im Garten anstellen könnten. Die Hühner zu beobachten, wie sie sich im Garten verhalten und zurechtfinden, ist sehr hilfreich, um potenzielle Konflikte zwischen Pflanzen und Geflügel zu vermeiden.

Wie sich zeigte, hatten uns die Hühner sogar einen Gefallen getan, als sie damals im noch ungepflegten Garten frei herumliefen: Sie hatten mitgeholfen, Giersch und Winden loszuwerden. Die Bereiche im Garten, die sonst Verstecke von Nackt- und Gehäuseschnecken gewesen wären, wurden nun zum Auslauf der Hühner, was dem ganzen Garten nutzte.

IM LAUFE DER JAHRE entwickelten Mum und ich schöner aussehende Methoden, um die Pflanzen zu schützen und mit all den Hühnern einen (größtenteils) präsentablen Garten anzulegen.

Wir ließen es zu, dass die Hennen ihre trockenen Bodenplätze für ihre Staub- und Sonnenbäder selbst bestimmten. So zäunten wir kleine Bereiche in den Blumenbeeten mit schönen rostigen Kamingittern ein, die ich auf einem Schrottplatz gefunden hatte. Diese geschützten Stellen waren dazu bestimmt, neue Pflanzen gut anwachsen zu lassen, ohne von den Hühnern freigescharrt zu werden. Denn das Scharren richtet den größten Schaden an, wenn die obersten Wurzeln aufgedeckt werden, sodass sie austrocknen, wodurch das Anwachsen und Verwurzeln der Pflanzen verzögert wird. Die nackten Zehen einer Henne können eine neue Pflanze leicht entwurzeln oder kleine Setzlinge niedertrampeln. Hühner können frisch aufgeworfener Erde einfach nicht widerstehen, weil sie wissen, dass Regenwürmer dort am leichtesten zu finden sind.

An anderen Stellen der Blumenrabatte entschieden wir uns für permanente Abwehrmethoden. Goldlack zum Beispiel wird immer ein Leckerbissen sein; hier hilft nur ein guter Schutz. Wir merkten uns, welche Pflanzen den Pickangriffen besser widerstanden hatten und pflanzten mehr davon, sodass der Garten üppig und schön aussah, ein Patchwork von kleinen Blumeninseln, in dem man den Blick von einem Blumenfleck zum nächsten schweifen lassen konnte.

Und wir fanden auch heraus, welche Materialien für unsere »Verteidigungsanlagen« am besten geeignet waren. Man will schließlich nichts aufstellen, das die Aufmerksamkeit von den Pflanzen ablenkt. Daher ist es wichtig, organische und unauffällige Materialien zu finden.

Rostiges Metall oder Eisen passt gut zum Grün; glänzendes Metall sieht nicht gut aus und Plastiknetze wirken schäbig und verwahrlost. Kleine Haselnusszäune sehen passabel aus und sind gut haltbar, aber Zwerghühner können sich manchmal durch die Lücken zwängen, was man mit aufgetackertem Kaninchendraht verhindern kann. Hummerreusen aus Weide sehen geradezu klassisch schön aus, sind aber viel zu teuer.

Zarten Frühjahrstrieben schadet das Picken ganz besonders

Genauso gut tun es auch die Metallunterteile von großen Hängeblumenkörben, vor allem, wenn sie alt und rostig sind. Man stülpt sie einfach über die Pflanzen und fixiert sie am Rand mit ein paar Zeltheringen im Erdboden, um zu verhindern, dass sie von besonders geschickten Hennen beiseitegeschoben werden. Das Blätterwerk wird durch den Korb wachsen und schließlich das Metallgerüst völlig bedecken. Auch solche Körbe können Sie oft auf Schrottplätzen finden. Und ich halte auch immer Ausschau nach entsorgten Metall-Vogelkäfigen, vor allem solchen, die eine hübsche Form haben, denn auch diese kann man über die Pflanzen stülpen.

Um ehrlich zu sein: Ich habe mich schließlich doch entschlossen, die Großlegehennen aufzugeben und, dem Garten zuliebe, nur noch Zwerghühner zu halten. Das macht die Hühnerhaltung um einiges einfacher. Zwerghühner haben viel kleinere Füße, kleinere Körper, kürzere (oft gefiederte) Beine, und das alles verhindert, dass sie beim Scharren großen Schaden anrichten können; außerdem ist ihr Futterbedarf deutlich geringer. In der Summe hat der Wechsel meinem relativ kleinen Garten sehr gutgetan.

IM FOLGENDEN BESCHREIBE ich ein paar Pflanzen, die ich nicht nur schön finde, sondern die auch gut für Hennen geeignet sind. Wofür Sie sich auch entscheiden, sollten Sie immer mehrere Pflanzen derselben Art einsetzen und sicherstellen, dass Boden und Lichtverhältnisse für die jeweilige Sorte passen. Das heißt, sie sollten sich ausbreiten können und in gesunden Staudengruppen stehen – denn normalerweise sind es die schmächtigen, einsamen, traurigen Pflanzen, die von den Hennen am ehesten niedergemacht werden. Wie auch immer, Sie müssen die Pflanzen schützen, bis sie kräftig genug und fest eingewachsen sind.

Strauchrosen Hennen passen perfekt in einen Rosengarten, und auch die Rosen werden prächtig gedeihen, wenn sie jedes Jahr mit gut verrottetem Mist aus ihren Nistplätzen gemulcht werden. Wählen Sie robuste und kräftige Arten, zum Beispiel die englische Rose »Hot Chocolate« mit ihren leicht duftenden Blüten und der ziegelroten Färbung, die der satten Farbe der Roten Rhodeländer-Hühner ähnelt.

Hartriegel und Weiden Setzen Sie diese Pflanzen wegen ihrer an Herbst- und Wintertagen hell leuchtenden Stängel als Dickicht. Die schönsten Varianten sind »Midwinter Fire« und »Anny's Winter Orange«, die schöne gelb-orange-rot leuchtende Zweige haben – Farbtöne, die zusammen mit dem Gefieder der Hühner wirklich prachtvoll aussehen. Schneiden Sie die Pflanzen jedes zweite Jahr im Mai zurück, sodass die nachwachsenden Zweige wieder ihre frische Farbtönung annehmen. Auch »Mount Aso«, ein Weidenkätzchen mit scharlachroten Kätzchen, ist es wert, gepflanzt zu werden und sollte in der gleichen Weise gepflegt werden.

Rosmarin und andere Kräuter mit verholzenden Stängeln Rosmarin ist ein immergrüner Strauch, der intensiv aromatisch duftet. Über den nadelartigen Blättern sitzen schöne, für Bienen attraktive Blüten, und die verholzenden Stängel bilden so etwas wie eine Minihecke, die den Hennen ihre Grenzen aufzeigt. Ein sonniger Garten mit einem sich gut entwässernden Boden kann Rosmarin-Sträucher gut vertragen; die Stauden können auch als duftende Begrenzungen der Gartenwege dienen. Mit der großen, robusten, aufrecht wachsenden »Miss Jessop's Upright« lassen sich sogar herrliche Hecken mit wunderbaren Stämmen anlegen, unter denen die Hennen gerne staubbaden. Auch Salbei und Lavendel kommen mit Hühnern gut zurecht, benötigen aber als Jungpflanzen eine Schutzglocke, weil die Verholzung ihrer Stämme und Zweige langsamer erfolgt als beim Rosmarin.

Zierquitten und andere tolerante Sträucher Zierquitten bilden dornige, struppige Sträucher, die im Frühjahr wie Mini-Pfingstrosen üppig erblühen, sodass sie wie eine Gartenversion einer chinesischen Tapete aussehen. Sie bilden lederartige Blätter und im Herbst kleine Früchte mit so harter Schale, dass sich die Hennen nicht damit abmühen wollen. Weitere tolerante Sträucher sind Seidelbast, Fleischbeere und Schmetterlingsflieder. Eibe und Kirschlorbeer, die oft auch im Formschnitt gehalten werden, sind wegen ihrer robusten Blätter ebenfalls gut für einen Garten mit Hühnern geeignet – beide sind allerdings für Hühner giftig; Eibennadeln können sogar für Menschen tödlich sein.

Narzissen/Osterglocken Die Zwiebeln dieser ikonischen Frühjahrsblume schmecken so grauenhaft, dass sie nicht einmal von Kaninchen gefressen werden. Osterglocken sehen im Rasen besonders hübsch aus. Um einen möglichst natürlichen Anblick zu kreieren, sollten sie die Zwiebeln großzügig auf den Boden werfen und sie dort einbuddeln, wo sie hingefallen sind. Wenn man sie einfach verblühen lässt, kommen sie jedes Jahr in noch größerer Zahl zurück. Meiden Sie jedoch die übliche badeentengelbe Variante und entscheiden Sie sich besser für die weißen Varianten, etwa das später blühende, stark nach Zimt duftende »Fasanenauge« oder die »Actaea«, auch »Dichter-Narzisse« genannt.

Montbretien (Crocosmia) In dichtbelaubten Büschen wachsende Pflanzen können in einem Garten mit Hühnern sehr nützlich sein, weil die Hennen mit ihren scharrenden Krallen nicht gut an sie herankommen – zum Beispiel Montbretien, eine Pflanzengattung, die zu den Schwertliliengewächsen zählt. Die Sorte »Lucifer« ist die größte und eindrucksvollste, wenn sie gut angewachsen ist. »Prince of Orange« und »Emily McKenzie« sind kleiner, wachsen aber fast überall sehr gut. Auch die herbstblühende japanische Anemone ist eine recht robuste und winterharte Mehrjahrespflanze.

Kugeldistel Stachelige Blätter oder Blüten sind immer ein gutes Zeichen, dass Hühnerschnäbel nicht viel Schaden anrichten werden. Wenn man sie gegen das Scharren schützt, solange sie noch nicht fest angewachsen sind, gedeihen sie gut und werden von den meisten Hennen gemieden. Sie ragen mit ihren schleifpapierartigen Blättern auf steilen Stängeln in die Höhe, an deren Spitze dichte blaue Blütenballen sitzen, die viel Nektar enthalten und bei den Bienen sehr beliebt sind. Sie brauchen viel Sonne, um auf kargen Böden gut gedeihen zu können. Mein Liebling unter den riesigen Disteln ist die Kardone oder Artischockendistel mit ihren großen Blättern, die an die Blumenmuster des englischen Malers William Morris erinnern. Manche Hennen picken gelegentlich daran herum, weshalb ich sie nicht als völlig widerstandsfähig gegen Großhennen bezeichnen kann, aber mit Zwerghühnern sollte es keine Probleme geben.

Schmucklilie und Bart-Iris (Bartschwertlilie) Die dicken, ledrigen Blätter der südafrikanischen Schmucklilie werden von fleischigen Wurzeln genährt, die auch in kargen, steinigen Böden unter harter Sonne gedeihen. Als mehrjährige Stauden sind sie eine gute Wahl, zumal sie auch in Töpfen wenig Pflege benötigen. Auch mit Hühnern kommen sie gut zurecht, weil diesen die glatten und leicht gummiartigen Blätter nicht sehr attraktiv erscheinen. Für sehr sonnige Standorte ist auch die Bart-Iris gut geeignet, weil ihre spornartigen silbergrauen Blätter von den Hennen weitgehend in Ruhe gelassen werden.

Wolfsmilch und andere giftige Pflanzen Die Hühner wissen instinktiv, dass sie diese strauchartigen giftigen Mehrjahrespflanzen meiden müssen. Wolfsmilch zeigt giftgrüne Blüten, die wie Staubwedel aussehen, und ihre Blätter und Stängel enthalten einen der giftigsten Milchsäfte, die es in der Natur gibt – bei Kontakt mit Haut oder Augen wirkt ihr Milchsaft stark reizend; Vorsicht ist geboten. Die aufgrund ihrer Größe eindrucksvollste Sorte ist die Wulfens Wolfsmilch, aber zwischen den hellorangen Blütenblättern der Sorte »Fireglow« sehen die Hühner noch hübscher aus. Ich muss zugeben, dass die Wolfsmilchgewächse in einem Garten mit Hühnern sehr schön aussehen, trotz meiner Vorbehalte bezüglich des Milchsafts. Manche Leute sorgen sich, dass ihre Hühner Giftpflanzen fressen könnten, aber die Tiere haben gewöhnlich ein gutes Gespür für giftige Pflanzen und werden sie normalerweise meiden. Seltsamerweise halten die Hühner den ebenfalls giftigen Roten Fingerhut für eine Art Kaviar, was sehr ärgerlich sein kann. Mir fällt nur noch eine wei-

Hühner meiden vernünftigerweise die eindrucksvollen, aber giftigen Wolfsmilchpflanzen

tere Pflanze ein, die zu meiden wäre – der Goldregen –, doch ist diese Pflanze meiner Ansicht nach so grauenhaft, dass der Verzicht nicht schwerfällt.

Ziergräser Sie sind tolerant und können einen Hühnergarten gut umrahmen. Ihre langen, klingenähnlichen Halme sind für die Hühner nicht attraktiv, im Gegensatz zu kurzen Grashalmen. Die eindrucksvollste Art, der Goldhafer, schickt seine Blätter in hohen und schönen Halmen aus einem robusten Wurzelgeflecht und bildet mit seinen goldgelben, locker hängenden Blütenrispen eine im Sonnenlicht glänzende Kulisse. Der dichter wachsende Nord-Seehafer sieht eher wie Bambusgestrüpp aus, aber im Spätsommer bilden sich offene Rispen mit fein schimmernden, abgeflachten kleinen Ähren. Das Fasanenschwanzgras zeigt seine attraktive gelb-orange-rote Herbstfärbung bis spät in den Winter hinein.

Pfingstrosen Sie wachsen wie kleine Lippenstifte aus dem Boden und steigen mit glatten, dünnen Blättern, die an kräftigen Stängeln sitzen, nach oben. Herumstreifende Hühner können dem robusten Staudengewächs nicht viel anhaben. Aber Sie sollten dafür sorgen, dass die weggescharrte Erde die Stauden über den Winter und im Frühjahr nicht völlig zudeckt, weil sie sonst nicht blühen können.

Taglilien Sie wachsen in großen inselartigen Büschen, die ein dichtes Grün mit engstehenden Blättern bilden, dem Scharren und Picken gut widerstehen können und dann in einer großen Farbenvielfalt aufblühen. Die einzelne Blüte dauert zwar nur einen Tag, aber sofort folgen andere nach. Meine Lieblingsvarianten sind »Rosy Returns« und »Stoke Poges«, die beide in einem altertümlichen Lachsrosa blühen, während »Grape Velvet«, »Berlin Red Velvet« und »Burning Daylight« in auffälligem Tiefrot beziehungsweise Orange leuchten. All dies sind hochwachsende Sorten mit starken Blütenstängeln, manche werden bis zu einem Meter hoch.

Korsische Nieswurz Wie die lateinische Bezeichnung *(Helleborus lividus corsicus)* andeutet, ist die robuste Korsische Nieswurz mit ihren lederartigen, leicht stacheligen Blättern gut gewappnet. Sie wächst anspruchslos auch auf kalkhaltigen Böden, ist eine beliebte Zierpflanze und blüht von Februar bis April. Es ist schön, die Hühner schon so früh im Jahr zwischen der blühenden Nieswurz herumpicken zu sehen.

Bronzefenchel Diese zweijährige Pflanze breitet sich selbst aus, vor allem in einem sonnigen Kiesgarten. Ich liebe den Anblick ihres fein gefiederten Blätterwerks im Frühjahr und den straff aufrechten Wuchs ihrer Dolden mit unzähligen kleinen gelben Blüten im Sommer. Glücklicherweise scheinen die Hühner den Süßholz-Geruch der Pflanze nicht zu mögen.

HÜHNER BRAUCHEN und lieben die Möglichkeit, auf einem Rasen zu grasen. Daher ist die jahreszeitliche Pflege des Rasens wichtig, damit er gesund und dicht bleibt. Sorgt man für einen saftigen grünen Rasen, werden sich die Hühner darauf konzentrieren und weniger zwischen den anderen Pflanzen herumpicken – eine Win-win-Situation.

Die Bereiche rund um den Hühnerstall und den Stallauslauf werden durch die ständige Begehung recht schnell ruiniert sein, und auch der Pfad, den Sie jeden Morgen zum Stall und zurück gehen, wird bald ausgetreten und kahl sein, vor allem in den Wintermonaten. Allerdings gibt es Bodennetzbeläge aus Kunststoff, die man auf solchen Stellen fest im Boden verankern kann. Das Gras kann weiterhin durch das Netzgitter wachsen, und das Netz selbst wird im Boden bald unsichtbar sein, wird aber verhindern, dass der Boden immer tiefer verschlammt oder aufgewühlt wird.

Regelmäßiges Mähen nützt dem Gras oder Rasen und fördert dichteres Wachstum. Die Hühner bevorzugen kurzes Gras, weil sie so leichter an die zarten, frisch sprießenden Halme herankommen.

Hennen lieben es, im Gras zu picken

Es gibt inzwischen spezielles Saatgut für eine naturnahe Hühnerwiese, das eine robuste Mischung von Gräsern und wertvollen Wildkräutern enthält und eine so dichte Nabe bildet, dass Scharren unterbunden wird. Enthalten sind auch Kleearten wie Gemeiner Hornklee, ferner Kamille und Magerwiesen-Margeriten, die im Sommer besonders dekorativ aussehen.

Wenn genug Platz vorhanden ist, sollten Sie einen großen, permanenten Hühnerauslauf in verschiedene Areale aufteilen, die sie abwechselnd für die Hühner freigeben, sodass sich jedes Areal wieder erholen kann. Halten Sie die Hühner von den

Seidenhühner sind die perfekte Ergänzung einer Wiese mit Magerwiesen-Margeriten

frisch eingesäten Bereichen fern, bis das Gras kräftig genug herangewachsen ist. Wenn der Boden, der neu eingesät werden muss, zu kompakt und hart geworden ist, sollten Sie ihn gründlich auflockern, am besten mit dem Rechen. Danach kann eine Schicht von Bausand oder Rasensand aufgebracht werden, damit sich die Saat besser festigen kann. Der Herbst ist dafür die beste Jahreszeit, weil dann die höhere Luftfeuchte für gutes Keimen sorgt.

Wenn Sie sehr viel Platz zur Verfügung haben, können Sie im Frühjahr einen gut umgegrabenen Bereich mit der so genannten »Zwischenfrucht« einsäen. Dabei handelt es sich um eine Mischung von schnell wachsenden Grassamen und Blumen. Für einen Bereich, der im Sommer oder später genutzt wird, ist das eine gute Lösung. Die Hühner werden gern die Samenköpfe von Roter Rispenhirse, Zwergsonnenblumen, Dill und Amarant (Fuchsschwanz) picken. Ich baue diese Pflanzen jedes Jahr für meine Hühner an und hänge die Samenköpfe in Bündeln knapp über (Hühner-)Kopfhöhe auf, damit sie sich ein bisschen anstrengen müssen, um heranzukommen. Ganz besonders mögen sie es, durch feines Picken die sehr kleinen Samen der Haarästigen Rispenhirse zu fressen.

EINE SCHAR VON FLUG-KÜNSTLERINNEN

DIE FOLGENDE AUSWAHL von herrlich schönen Hühnern ist vor allem für Leserinnen und Leser bestimmt, die über genug Platz und Schlaf- und Ruhemöglichkeiten für ihre Hühner verfügen. Denn diese Tiere fühlen sich nur in völliger Freiheit wirklich wohl. Sie belohnen ihren Halter oder ihre Halterin mit ihrem anspruchslosen Wesen und stellen für einen Bauernhof, eine Stallanlage oder eine Scheune eine schöne Bereicherung dar. Die Hühner sind fast so wild wie ihre Vorfahren, die Bankivahühner, die wildlebende Stammform des Haushuhns. Sollte die Menschheit plötzlich verschwinden, würden diese robusten Rassen überleben und in einer neuen Welt ihre Nistplätze unter dem dichten Blätterdach des Dschungels suchen. Bei diesen Hühnern sollte Ihnen daher klar sein, dass Sie Ihren Gemüsegarten mit einem stabilen Zaun schützen müssen.

Die wichtigen alten – und leider gefährdeten – Hühnerrassen haben wunderbar vielfältige genetische Anlagen mit ganz unterschiedlichen Kamm- und Farbschlägen und zeigen oft elegante, sanfte, freiheitsliebende Wesenszüge, was sie dem Fasan ähnlich machen. Die großen, kräftigen Flügel liegen dicht am Körper und können sich bei Bedarf sehr schnell ausbreiten, wenn die Vögel mit ihren starken gazellenartigen Beinen in die Höhe schnellen. Den frei laufenden Vögeln sollten die Flügel niemals gestutzt werden, damit sie jederzeit abheben können – eine besonders nützliche Eigenschaft, wenn Hunde- oder Fuchsangriffe zu befürchten sind.

Hennen, die gern herumstreunern und gut fliegen können, schlafen auch gern unter den Dachtraufen von Ställen und Scheunen. Sie sollten jedoch auch die Möglichkeit haben, sich in ein sicheres Hühnerhaus mit verschließbarer Auslaufklappe zurückziehen zu können. Schon als Junghennen sollten sie an diesen Platz gewöhnt werden, um sie dort zum Schlafen und Legen zu animieren, auch wenn sie oft höher gelegene Schlafplätze wie Dachbalken in den Scheunen aufsuchen.

Die Hennen legen saisonabhängig meistens im Frühjahr, Sommer und Herbst, und sie mögen die Störung nicht, wenn Sie ihnen die Eier aus den Nistkästen nehmen. Anfangs lassen sich die brütenden Hennen noch leicht vom Gelege wegschieben. Aber bald durchschauen sie den Trick und suchen sich eigene Nistplätze unter Strohballen, in Brennnesseldickichten und tief unter den Hecken. Dort brüten sie perfekt getarnt ihre Eier aus und kommen dann stolz mit ihrer kleinen, frisch geschlüpften Kükenbande wieder zum Vorschein.

Sie tun gut daran, diese Hennen auf Ihre Seite zu bringen. Am besten kaufen Sie sie noch als Jungvögel; sie werden dann schnell zutraulich genug, um das ausgestreute Futter direkt neben Ihren Stiefeln aufzupicken. Fremden gegenüber bleiben sie nervös – sie sind kluge Vögel. In Ausstellungskäfigen fühlen sie sich sichtlich unwohl, sofern sie nicht schon als Junghühner an Käfige gewöhnt worden waren. Sie mögen es nicht, eingesperrt zu sein und angestarrt zu werden. Trotzig scharren sie und zerfetzen das Papier unter der schmucken weißen Sägespanschicht im Ausstellungskäfig, picken an den am Käfig angehefteten Rosetten herum und ertragen hochmütig die ganze Aufmerksamkeit, die ihrem gesprenkelten oder fein gesäumten Federkleid zuteilwird.

PENEDESENCA Diese sehr alte katalonische Hühnerrasse, deren Name wie ein exotischer Tanz klingt, lernte ich durch die

Penedesenca-Henne

wunderbare und legendäre Gemüsegärtnerin Caddy Wilmot-Sitwell kennen, die mir von ihrer Schwester Sophie Macaulay und deren Leidenschaft für ungewöhnliche Hennen erzählte, welche farbige Eier legten. Manche Varianten ihrer Vögel benötigten viele Jahre sorgfältiger Zuchtarbeit, bis sie perfekt waren. Caddys Beitrag bestand offenbar darin sicherzustellen, dass der Brutautomat störungsfrei funktionierte.

Das Penedesenca-Huhn ist der Beweis dafür, dass man die Eierfarbe nicht immer von der Farbe der Ohrscheiben der Henne ablesen kann. Dieses Huhn hat weiße Ohrscheiben, legt jedoch schöne braune Eier, die manchmal sogar kaffeebraun sein können.

Mit ihren starken Beinen und Flügeln stolzieren und flattern sie ständig herum und sehen immer so aus, als wollten sie jeden Moment abheben. Das ist kein Huhn für einen kleinen Hühnerhof; es gedeiht am besten, wenn es frei herumlaufen kann. Sophie ist womöglich die einzige Halterin dieser Hühner im Vereinigten Königreich; sie ist in Vilafranca del Penedès in Katalonien auf diese Rasse gestoßen, wo sie ursprünglich gezüchtet wurde.

ANDALUSIER Mangelnde Schönheit ist ganz sicher nicht der Grund dafür, dass diese Rasse so selten ist. Jede einzelne ihrer schieferblauen Federn ist schwarz gesäumt. Man könnte es Ihnen nachsehen, wenn Sie dieses Huhn wegen ihrer mandelförmigen weißen Ohrscheiben und dem großen, flappenden Kamm für eine Leghorn-Variante hielten. Die Andalusier-Henne steht immer sehr gelassen auf langen, schlanken Beinen; sie ist fügsam und am zufriedensten, wenn sie freien Auslauf oder einen sehr geräumigen Hühnerhof hat.

Andalusier-Henne

Andalusier-Hahn

Es gibt jedoch eine auffällige Besonderheit. Jede schieferfarbene Andalusier-Henne mit schwarz gesäumten Federn hat auch Schwestern aus demselben Gelege, die dieses schöne Federkleid nicht tragen; vielmehr sind sie schwarz oder vielleicht auch grau mit schwarzen Sprenkeln. Aber im Grunde spielt das keine Rolle; alle erweisen sich als gute Legehennen von großen weißen Eiern.

(DERBYSHIRE) REDCAP Mr. W. H. Baker, ein Redcap-Züchter, behauptete in den 1920er-Jahren, die Hälfte aller Redcap-Züchter auf der Welt lebten in der Grafschaft Derbyshire in einem Umkreis von ungefähr 15 Kilometern. Ich persönlich finde es traurig, dass ich in all den vielen Jahren, in denen ich in den Derbyshire Dales gewandert bin, kein einziges Mal eine Schar dieser lokalen Rasse zu sehen bekommen habe. Eine Weile lebte ein hübscher Redcap-Hahn mit einem großen Harem von Hybridhennen auf dem Parkplatz beim Schloss Chatsworth. Debos Hühnerhalter Alan Shimwell war für eine Schar Redcap-Hühner zuständig, aber die Hähne erwiesen sich als großartige Fluchtkünstler, überwanden immer wieder die hohen Zäune um ihre Ställe und Ausläufe und gerieten mit benachbarten Hähnen

Derbyshire Redcap-Hahn und -Henne

in Streit. Inzwischen werden Redcaps wieder auf dem Chatsworth-Bauernhof gehalten. Ich kann nur hoffen, dass die Zäune mittlerweile höher sind, als ihre Flugkünste zulassen!

Der Schauspieler und Komiker Adrian Edmondson drehte auf einer Farm in Derbyshire eine TV-Dokumentation, bei der diese Hühnerrasse im Mittelpunkt stand. Die Vögel zeigten sich von ihrer besten Seite, pickten völlig frei überall auf dem Hof herum und auch das verregnete Wetter machte ihnen nichts aus. Der Bauer erklärte, dass diese Hühner völlige Freiheit forderten, ihre Eier zu legen, wo immer es ihnen passte. Er riet dazu, die Hühner bis nach 11 Uhr im Stall eingesperrt zu lassen. Dann würden die Hennen verzweifelt ihre Eier legen wollen, und man könne sie besser bis zu ihren geheimen Legenestern zwischen den Heuballen verfolgen.

Hauptmerkmal der Redcap-Hühner ist der wuchtige Rosenkamm in leuchtendem Rot, von dem starke, gleichmäßig lange Spitzen abstehen. Als Kriterium für den Zuchtstandard ist es wichtig, dass der Kamm der Hähne keine Dellen in der Mitte aufweist. Die Hennen sind lebhaft, selbstsicher und recht gerissen; ihre scheinbar harten Federn sind so beschaffen, dass sie der Nässe und Kälte wie ein gut eingetragener Regenmantel trotzen. Bei regnerischem Wetter ziehen sich die Hühner dennoch lieber auf die Balken in der Scheune oder im Stall zurück, denn kein Huhn-Federkleid ist völlig wasserdicht.

Redcaps sind echte Bauernhofvögel; auch überflüssige Junghähne haben einen guten Fleischansatz, vor allem das dunkle Schlegelfleisch, das einen leichten Wildgeschmack hat. Die Junghähne sind wie wilde Fasane, aber wenn sie Pech haben, enden auch sie im Bratofen.

ALTENGLISCHES FASANENHUHN Vieles, was ich über die Derbyshire Redcap geschrieben habe, trifft auch für diese fasanenartigen Hühner auf den Bauernhöfen der Yorkshire Moors zu. Beide Rassen stammen aus rauen Gegenden mit harten Win-

Altenglisches Fasanenhuhn

tern, weshalb die Vögel harte, dicke Federn brauchen, um zu überleben. Das Fasanenhuhn ist in Yorkshire seit dem 17. Jahrhundert nachgewiesen. Auf den ersten Blick sieht es wie eine exotische Kreatur aus, aber mit seinem robusten Gang ist dieses Huhn bestens für ein Leben in den heimatlichen Sümpfen und Mooren ausgestattet.

Die Altenglischen Fasanenhühner sind unter diversen und teilweise umständlichen Namen bekannt, zum Beispiel »Northern British Pheasant Fowl«, oder, etwas romantischer, »Copper Moss Fowl«, aber die Liebhaber dieser Rasse in ihrer Heimat nennen sie meistens nur »Yorkshire Pheasant«.

Ihre dunkelbraunen Federn weisen eine ausgeprägte halbmondförmige Säumung auf, sind aber dunkler als die der Redcaps. Wenn es ein herausragendes Unterscheidungsmerkmal der beiden Rassen gibt, dann sind es die weißen Ohrscheiben der Fasanenhühner. Die Tiere sind flugfähig und scharren sich ihren Unterhalt recht unabhängig um Ställe und auf dem ganzen Bauernhof aus dem Boden. Sie kommen zwar mit schlechtem Wetter zurecht, schätzen aber dennoch die Sicherheit und den Schutz eines Hühnerstalls. Um gut legen zu können, benötigen sie jeden Tag Legehennenpellets von guter Qualität.

Der Künstler Robin Lucas, einer meiner Freunde, lebt in Yorkshire; er ließ ein paar Fasanenhühner ausbrüten, wobei er brütige Zwerghühner einsetzte. Das trägt dazu bei, dass die Küken zu erwachsenen Hühnern heranwachsen, die weit weniger wild sind. Wenn Küken einer schreckhaften Rasse von einer selbstsicheren, zahmen, brütigen Henne aufgezogen werden, ahmen sie instinktiv ihre Ziehmutter nach und übernehmen so mehr von deren ruhigerem Charakter.

Fasanenhühner werden heutzutage nur sehr selten gehalten; die Geflügelschau-Szene widmet ihnen kaum Aufmerksamkeit.

Doch das bedeutet auch, dass die Hennen immer noch eine gute Legeleistung von weißen Eiern zeigen, weil sie nicht zur Schau, sondern für ihre Nützlichkeit gehalten und gezüchtet werden.

Weiße Leghorn-Henne

LEGHORN Munter und lebhaft wären die Begriffe, mit denen ich das Leghorn-Huhn beschreiben würde. Es ist nicht dumm, auch wenn es bei jeder Gelegenheit wie irre unter heftigem Flügelschlagen mit gestreckten gelben Beinen durch den Hof rennt, wobei ihr großer roter Kamm von einer Seite zur anderen baumelt. Aber zu dieser italienischen Rasse gehören die besten Legehennen.

Ihre Fähigkeit, eine große Zahl weißer Eier zu legen, eroberte den im 19. Jahrhundert aufblühenden US-amerikanischen Markt im Sturm, nachdem das Leghorn-Huhn 1828 aus der Toskana eingeführt worden war. Leider zeigte sich, dass dieses Huhn trotz allen Flügelschlagens auch in engen Käfigen bereitwillig seine Eier legt. Alle weißen Hybrid-Legehennen, die heute in den riesigen amerikanischen Batteriekäfigfarmen gehalten werden, stammen von weißen Leghorns ab – und sehen alle gleich aus, wie uniformierte Fabrikarbeiter, die in endlose Käfigbatterien gezwängt werden.

Weiße Leghorn-Hybride, auch als White Star bezeichnet, gibt es überall auf dem Markt zu kaufen. Sie sind hervorragende Legerinnen weißer Eier; in ihrer ersten Saison können sie bis zu unglaublichen 320 Eiern legen. Einen interessanteren Anblick bietet jedoch die einfallsreich benannte Exchequer-Leghorn-Henne, die aussieht, als sei eine weiße Henne mit pechschwarzer Tinte bespritzt worden. Die seltsamste Unterart dieser Züchtung ist die Lavendel-Variante, die wirklich sehr schön aussieht und öfters gehalten

Exchequer-Leghorn-Henne

werden sollte. Die Zwerg-Leghorns sind weiter verbreitet als die Großhühner und sind ebenfalls gute Legehennen, laufen aber auf ihren kurzen Beinchen noch schusseliger herum.

Trotz ihrer hohen Legeleistung sind Leghorn-Hühner nur selten brütig, und wenn, lassen sie sich leicht davon abbringen. Leghorn-Küken wachsen schnell und kräftig heran. Wenn man sie oft in die Hände nimmt, verhalten sie sich als Erwachsene weniger flatterhaft.

HAMBURG-HUHN Das Hamburger Sprenkelhuhn und das Hamburger Lackhuhn zählen zu den besten unter den schönen, unabhängigen und langlebigen Hühnern. Sie erfüllen jedes Kriterium. Zu ihren geradezu klassisch schönen Farbschlägen gehört auch das silbergesprenkelte Huhn, bei dem sich jede Feder mit einer tiefschwarz gesprenkelten Spitze vor reinstem Weiß abhebt, während sich bei der Goldlack-Varietät schwarze Federn gegen das schönste Goldbraun abgrenzen.

Diese Hennen sehen immer hübsch und sauber aus. Sie halten ihre kräftigen Flügel eng an ihrem kompakten, anmutigen kleinen Körper, und ihr Schwanz fächert sich elegant aus. Auf ihren blauen Beinen läuft sie leichtfüßig herum; sie tragen einen kleinen, hellrosa Kamm und haben faszinierende dunkle Augen. Beim Hahn zeigt sich ein Busch schneidig gewölbter Schwanzfedern.

Diese alte Rasse wird in England seit mindestens 300 Jahren gehalten. Ihre Herkunft wird in Lancashire und Yorkshire vermutet, doch wurde sie in den 1840er-Jahren auf dem europäischen Festland fälschlicherweise »Hamburger« genannt. Doch schon zuvor wurde in einem englischen Country Pub die vermutlich erste Geflügelschau veranstaltet. Dabei wurden zwei Hamburger-Hähne ausgestellt, die von ihren Haltern als »Mooneys« (Mondhühner) bezeichnet wurden. Der Kneipenwirt fungierte als Preisrichter. Man kann sich die Szene lebhaft vorstellen: ein loderndes Feuer im offenen Kamin, Kerzen-

*Hamburger Goldlack-
Hahn und -Henne*

*Hamburger Silbersprenkel-
Hahn und -Henne*

*Hamburger Goldsprenkel-
Henne und -Hahn*

licht, und diese beiden prächtigen Hähne auf einem Tisch, die wie gefleckte Dalmatiner vor einer lärmenden Schar Biertrinker posierten.

Hamburger-Hennen haben einen wohlverdienten Ruf als gute Legerinnen und wurden früher sogar »Endless Eggers« genannt. Eine Hamburger-Henne produziert bis zu ihrem »Ruhestand« ein gutes Gelege von weißen Eiern. Sie setzt sich auf ihre Eier und wirkt als Mutter recht distanziert, zeigt sich aber als vehemente Kämpferin, wenn sie sich oder ihr Gelege bedroht sieht. Die anfänglich hellgelb-grauen Küken sind kräftig und entwickeln schnell ein schwarz-weißes Federkleid.

Diese Rasse braucht einen großen Auslauf, aber wie alle alten Rassen hat auch sie ihre Flugfähigkeit nicht verloren, zumal sie ein relativ geringes Körpergewicht aufweist. Die Hennen fliegen auch über einen 2,5 Meter hohen Zaun, um zu ihren geheimen Nestern zu gelangen. Ich persönlich würde mir wünschen, dass sie in völliger Freiheit gehalten werden – das ist die Art Huhn, die man jederzeit entlang einer Dorfstraße scharren und picken sehen kann und bei deren Anblick man sich wundert, zu welchem Hof sie wohl gehören. Aber sie benehmen sich gut und werden vor Einbruch der Dunkelheit in ihren Hühnerstall zurückkehren, sofern er sauber und bequem ist.

FRIESENHUHN Das Chamois-Friesenhuhn hat den gleichen Farbschlag wie das Chamois-Haubenhuhn. Die kleinen Hennen tragen ein Gefieder, dessen hellgelbe Farbe und Textur am Hals und an den Flügeln mich an eine Honigwabe erinnert. Eine gemischte Schar der beiden Rassen würde einen prächtigen Anblick bieten und Ihnen außerdem viele weiße Eier bescheren.

Friesenhuhn-Henne

Das Friesenhuhn stammt, wie auch die berühmte Friesische Milchkuh, von den Friesischen Inseln, einem Nordsee-Archipel, das sich von Holland bis zum dänischen Jütland erstreckt. Dieses Huhn kann unglaublich gut fliegen, vielleicht brauchte es seine Flügel, um über das Wattenmeer zu fliegen, das die Inseln umgibt. Die Hennen sind begeisterte Legerinnen und recht flink auf den Beinen. Das Großhuhn ist relativ klein und die Zwergvariante ist winzig.

Ich kenne keine andere Hühnerrasse, die ihre Federn so schnell abwirft wie diese. Plötzlich sehen sie alle wie bibbernde Igel aus, nachdem sie ihr Federkleid in einer einzigen Nacht abgeworfen haben. Und in der folgenden Woche scheinen sie bei jeder Bewegung echte Schmerzen zu haben, weil so viele Federkiele gleichzeitig aus ihrer Haut sprießen.

Friesenhühner zeigen ein gewisses Interesse am Brüten, flattern aber ohne großes Murren aus dem Nest, wenn Sie die Eier einsammeln.

SIZILIANISCHER BECHERKAMM In der Landessprache ihrer Herkunft, Sizilien, wird dieses Huhn »Siciliana« genannt; die deutsche Bezeichnung wird von seinem Kamm hergeleitet, der wie ein Becher, Kelch oder eine Krone geformt ist (weshalb es auch unter der Bezeichnung Sizilianischer Kronenkamm zu finden ist). Auf seine Rolle bei Opferzeremonien wollen wir hier lieber nicht eingehen.

Sizilianischer Becherkamm-Hahn

Die Hennen sehen sehr schön aus, ihr Federkleid ist ein reiches, geflecktes Gold und intensives Gelborange, das ein wenig dem Rebhuhn ähnelt. Ihre Eier sind weiß.

Ihre Herkunft wird schon im Namen angezeigt, aber in Großbritannien wurden diese Hühner aus den USA eingeführt. Offiziell dokumentiert wurden sie 1860 durch einen Schiffskapitän aus Neuengland, der ein paar dieser Hühner in einem sizilianischen Hafen entdeckte. Er nahm sie mit auf die Fahrt nach Boston, in einem Käfig zwischen Feigen und Orangen. Ursprünglich waren sie für den Verzehr vorgesehen, aber weil sie unterwegs die Crew mit ihren großen weißen Eiern versorgten, wurde ihnen eine Gnadenfrist gewährt. Um 1907 prahlte die Frau eines amerikanischen Diplomaten, Mrs James L. Dumaresq, wie »hübsch, zahm und legefreudig« ihre sizilianischen Hühner seien.

Nach Großbritannien gelangten die Hühner im Jahre 1912, was Mrs Colbeck aus West Yorkshire zu verdanken war, die sie direkt aus den Staaten importierte. Bald gründete sich ein entsprechender Züchterclub, der nach dem Ersten Weltkrieg schon über hundert engagierte Mitglieder umfasste. Leider flaute diese frühe Popularität in den 1920er-Jahren wieder ab; von diesem Rückschlag hat sich die Hühnerrasse seither nicht mehr gut erholt. Heute wird das Sizilianische Becherkamm-Huhn eindeutig als seltene Rasse eingestuft.

Angesichts ihrer schönen Optik ist mir dies ein Rätsel. Sowohl die Henne als auch der Hahn tragen stolz einen absolut unglaublich geformten blütenartigen Kamm, der trefflich als Becher bezeichnet wird – eine seltsame Anordnung von zwei Kämmen, die am Hinterkopf zusammenlaufen.

Der prächtige Kopfschmuck hat allerdings den Nachteil, dass die Tiere sehr anfällig für Frostbeulen sind. Wenn das geschieht, zeigen sich hässliche Schorfe an den einzelnen Kammspitzen. Ich sehe darin keinen Grund, diese Hühner nicht halten zu wollen, aber offenbar hält genau dies die Leute davon ab. Wenn Sie die Hühner während der kältesten Monate in einem gut gelüfteten, trockenen Stall halten und ihre Kämme jede Woche einmal mit etwas Vaseline einreiben (tun Sie das am Abend, wenn die Tiere ruhiger und leichter zu handhaben sind), werden sie im Winter besser geschützt sein.

Sizilianische Becherkamm-Henne

Sizilianische Becherkamm-Hühner gelten eher als flatterhaft, aber auch unbeständige Rassen werden irgendwann ruhiger, wenn man ihnen genug Geduld und Verständnis entgegenbringt. Man sieht schon an ihrer eleganten Haltung, dass sich die Hühner bei freiem Auslauf am wohlsten fühlen. Anscheinend wachsen die Küken sehr schnell heran. Wenn ich genug Platz hätte, würde ich ein paar von dieser besonders seltenen Rasse anschaffen. Auf jeden Fall ist es erfreulich, dass sie jetzt auch auf Facebook zu finden sind.

GRONINGER MÖWE Ganz gegen meine üblichen Gewohnheiten und spontan kaufte ich ein paar Eier dieser Rasse auf eBay, obwohl ich noch nie von dieser Varietät gehört hatte und nicht einmal wusste, wie ihr holländischer Name (Groninger Meeuwen) richtig ausgesprochen wurde.

Groninger Möwe-Henne

Die Federn der Henne erinnern mich ein wenig an ein Tigerfell, denn jede einzelne ist dramatisch schwarz auf tiefem Orange gestreift. Schon im Kükenalter sind sie sehr unternehmens- und abenteuerlustig; sie lieben es, herumzuflattern, auf Äste zu springen und sich dort auch zufrieden auszuruhen. Ohne den Kamm, der sich im Erwachsenenalter zeigt, kann man sie fast mit Jungfasanen verwechseln.

Es gibt viele fast ausgestorbene oder sehr seltene europäische Hühnerrassen, zu denen auch die Groninger Möwe zählt, außerdem die deutsche Rasse Westfälischer Totleger und die alte schwedische Hedemora-Haushuhn-Rasse, die alle in meinen Augen fast identisch aussehen, was ihnen nicht zu größerer Aufmerksamkeit verhilft. Alle sind bemerkenswert gute Legehennen und brauchen dringend mehr Halter. Der Geflügelhof Hens on Oxney in der britischen Grafschaft Kent spezialisiert sich darauf, zum Erhalt seltener Hühnerrassen beizutragen.

APPENZELLER SPITZHAUBE Ich sollte endlich einmal einen dicken Wälzer gründlich durchlesen, der, wie ich gestehen muss, derzeit nur als Buchstütze im Bücherregal dient: *The Mitfords: Letters Between Six Sisters.* Darin würde ich vielleicht die Antwort auf meine Frage finden, ob Pamela Freeman-Mitford in irgendeinem Brief erwähnte, dass sie ein paar Appenzeller Eier aus einem der Dörfer im Alpstein nach England brachte? Leider ist der Name der Rasse im umfangreichen Index des Buches nicht zu finden. Aber das spielt keine große Rolle, weil Debo diese Story über ihre Schwester in mehreren ihrer Bücher und Interviews, in denen es um Hühner ging, erwähnte.

Pamela, eine von Debos fünf Mitford-Schwestern, verliebte sich spontan in das auffällige Appenzeller Huhn, dessen Federkleid mit schwarzen Sprenkeln übersät ist, sodass es wie ein Dalmatiner der Hühnerwelt aussieht. Hauptmerkmal des Huhns ist ein auffälliger Kopfschmuck, bestehend aus einer nach vorn geneigten Federhaube – der Spitzhaube wie bei der Appenzeller Frauentracht –, die den hörnerähnlichen Kamm verdeckt. Das Huhn hat einen eigenartig geformten Schnabel mit einem hufeisenförmigen Schnabelrücken. Zu den Hauptfarbschlägen zählen die gold-schwarzgetupfte und die besser bekannte silber-schwarzgetupfte Appenzeller Varianten.

Pamela wollte sich an die gängigen Vorschriften halten und schrieb mehrmals an das britische Landwirtschaftsministerium,

Silber-schwarzgetupfte Appenzeller Spitzhaube, Hahn und Henne

um die Erlaubnis zur Einfuhr befruchteter Appenzeller-Eier einzuholen, erhielt aber keine Antwort. Schließlich nahm sie die Angelegenheit in die eigenen Hände und brachte selbst ein paar Eier mit nach England zurück. Vermutlich hatte sie gerade keine brütige Henne, jedenfalls wurden die ersten Appenzeller Eier in einem der Brutautomaten auf Schloss Chatsworth ausgebrütet. Ich stelle mir vor, wie Debo die Küken ihrer Schwester Pamela überbrachte, die damals ein Landfrauenleben in den Cotswolds führte, Hühner hielt und Gemüse anbaute. Pamela widmete sich hingebungsvoll ihren Appenzellern, die sie stolz bei den Geflügelausstellungen präsentierte. Oft ermunterte sie andere Halter, die Rasse aufzunehmen, und verschenkte viele ihrer Vögel an Interessenten.

Mitten im Sommer 2020, als der lange erste Corona-Lockdown gelockert wurde und Reisen wieder möglich waren, brachte ich drei Appenzeller Hühner zum Bauernhof in Chatsworth. Man hatte dort seit Jahren keine Hühner dieser Rasse gehalten und ich dachte, dass sie aufgrund des familiären Hintergrunds wieder dort leben sollten. Tante Marj fuhr mich in aller Eile in ihrem Zweisitzer-Jaguar-Sportwagen von Hucknall zum Schloss; die Hühner hielt ich in einer Kiste auf dem Schoß. Eine meiner Zwerghennen hatte ein Gelege ausgebrütet, das ich auf eBay erworben hatte. Wie sich herausstellte, schlüpften aus zwei der drei Eier Hennen und aus dem dritten ein Hahn. Sie sahen

Gold-schwarzgetupfte Appenzeller Spitzhaube, Henne und Hahn

wunderbar aus, als sie sich eingelebt hatten, und pickten fröhlich in dem geräumigen Hühnerhof in Chatsworth herum. Ich war sehr stolz auf sie, obwohl man ihre Flügel hatte stutzen müssen, weil sie ohne Probleme über den zwei Meter hohen Zaun flogen und den benachbarten Hühnern die Federn zerzausten.

Die Appenzeller sind recht sprunghafte Vögel und leben sich nicht immer gut ein. Mit manchen Haltern kommen sie sehr gut zurecht, bei anderen entwickeln sie sich nicht sehr gut. Es ist wirklich eine Rasse für einen großen, eingehegten Gartenauslauf, wobei der Zaun oft noch mit langen Bambusstangen und Maschendraht erhöht werden muss. Idealerweise sollten Sie diese Hühner völlig frei herumlaufen lassen. Das machen sie dann auch mit sehr viel Eleganz. Geben Sie ihnen Zugang zu sicheren Dachbalken in Scheunen oder Nebengebäuden, wo sie ruhen und schlafen können, aber machen Sie sich darauf gefasst, dass Sie ständig nach ihren versteckten Nestern suchen müssen, wenn Sie ihre Eier einsammeln.

Ich stelle mir gern vor, wie die Appenzeller bei Tagesanbruch aus ihrem Hühnerstall in eine schneebedeckte Landschaft hinauslaufen und vorsichtig im Schnee herumpicken. Alle Küken fürchten sich vor dem Schnee, der diesen Hühnern aber das Gefühl gibt, wieder in ihrer Alpenheimat zu sein – und letztendlich sehen sie ja wirklich aus wie Geschöpfe aus Narnia!

BÖSEWICHTE UND UNGEZIEFER

WIR WENDEN VIEL ZEIT, Mühe und Arbeit auf, damit sich unsere Hennen wohlfühlen und gesund bleiben – aber wir sollten nicht vergessen, dass es nicht wenige Raubtiere gibt, die nur auf eine Gelegenheit lauern, unsere Hühner zu töten, in der Regel für eine Mahlzeit, aber manchmal vermutlich auch aus Lust am Töten. Selbst wenn ihnen das nicht gelingt, kann schon der Versuch solche Angst unter Ihren Girls hervorrufen, dass sie später einem Herzanfall erliegen.

Ich war entsetzt, als mir ein Hühnerhalter mit stolzem Lachen erklärte: »Ach, wir halten einfach so viele, dass wir es gar nicht merken, wenn der Fuchs mal zu Besuch da war!« Kann man sich eine derart gleichgültige Haltung auch nur vorstellen? Andererseits würde man mir wohl auch meine wahre Meinung zu »Bloody Things« wie Elstern, Nerze, Ratten oder Füchsen nicht ohne Weiteres durchgehen lassen – für mich sind sie Bösewichte, die es nicht nur auf Hühner abgesehen haben, sondern auch auf Singvögel und Bodenbrüter. Manche dieser Schurken werden in den Tierweltprogrammen im Fernsehen schier endlos glorifiziert. Zwar wünsche mir nicht, dass irgendeine Tierart aussterben solle (na gut, von Ratten mal abgesehen), aber mir scheint doch, dass derzeit bei vielen Menschen die Meinung vorherrscht, man müsse »die Natur sich selbst überlassen« – wo doch der delikate Status quo der Natur durch uns Menschen längst völlig aus dem Gleichgewicht gebracht worden ist! Viele der vorstehend genannten Übeltäter sind Aasfresser, die sich vor allem durch unsere überquellenden Abfälle stark vermehren konnten! Sie gedeihen vor allem aufgrund unserer Ignoranz!

Debo entdeckte eine perfekte Methode, den Schaden zu zeigen, den ein Fuchs in einer Hühnerschar anrichten kann, nachdem ein Fuchs bei helllichtem Tag mehrere Legehennen auf dem Parkplatz bei Chatsworth getötet hatte. Die leb- und kopflosen Kadaver lagen überall im Gras herum; Debo ließ sie fotografieren und hängte die Fotos gerahmt auf, mit einer Anmerkung für die Schlossbesucher: »Fuchsangriff bei Tag in diesem Sommer.« Ich erinnere mich noch lebhaft, wie ich die Fotos anschaute. Es war eine schlaue und mutige Methode, zumal die Fotos im Besucherraum des Hühnerhauses aufgehängt wurden, wo die Leute die Hühner beim Eierlegen in ihren nach vorn offenen Nistkästen beobachten konnten. Denn Füchse sind heutzutage keine schlauen und verstohlen herumschleichenden Feld- und Waldbewohner mehr, sondern haben sich zu oftmals frechen und unverschämten Opportunisten entwickelt.

EIN HÜHNERHALTER MUSS SEINE VÖGEL unbedingt vor den Lebewesen schützen, die ihnen Schaden zufügen könnten. Wenn Sie sich dazu entschließen, Ihre Hühner ohne ausreichenden Zaun völlig frei hinauszulassen, werden sie praktisch zum Freiwild. Die Freilaufhaltung erfordert viel Mühe und einige Investitionen, um den Freilaufbereich oder den Garten ringsum einzuzäunen, damit Ihre Vögel geschützt sind und Sie ruhig schlafen können.

Manche Rassen sind zu einer gewissen Selbstverteidigung fähig – sie können ein wenig fliegen. Das ist ein Grund, warum ich meinen Hennen nicht gern die Flügel stutze. Beim Stutzen werden ungefähr sieben bis zehn der großen Schwungfedern an einem Flügel auf maximal die Hälfte zurückgeschnitten. Für die Hühner ist das völlig schmerzlos, ungefähr so, als würden Sie sich die Zehennägel schneiden, vorausgesetzt, man schneidet keinesfalls weiter als bis zur Hälfte der Schwungfedern zurück, um nicht die Flügelhaut zu verletzen, denn dann würde der Flügel bluten und dem Tier Schmerzen bereiten. Das Stutzen bewirkt, dass der Vogel beim Abheben aus dem Gleichgewicht gerät, sodass er nicht losfliegen kann. Manchmal ist das unvermeidlich, vor allem bei Hennen, die gern mal Ausflüge über den Zaun in Nachbars Garten unternehmen – das sind meistens leichte und flugfähige Vögel wie das Legbar-Huhn oder manche der kleinen Zwergrassen. Die Flügel einiger anderer Rassen, etwa des Orpington- oder des Seidenhuhns, müssen nicht gestutzt werden – diese Vögel sind zu schwer oder zu flauschig, um fliegen zu können.

Wollen Sie jedoch Ihren Hühnern völlige Freiheit gönnen, sollten Sie ihnen nicht die Flügel stutzen. Bei einem Vogel, der ohnehin nicht richtig fliegen kann, wäre es ziemlich töricht und würde ihn einem möglichen Räuber völlig schutzlos ausliefern. Bei einem Angriff würde man damit seine Chancen zu entkommen drastisch einschränken. Und wenn Ihre Hühner in einem umzäunten Auslauf leben, der ein festes oder Drahtgitterdach hat, ist das Stutzen ohnehin überflüssig.

Nicht gestutzte Cream-Legbar-Henne beim Abheben

ES IST VON GRÖSSTER WICHTIGKEIT, die verschiedenen Gefahren zu kennen, denen Ihre Hühner ausgesetzt sind. Nur so können Sie die richtigen Abwehrmaßnahmen treffen, die teilweise recht einfach sind.

Der *Fuchs* ist der klassische Feind des Huhns, was vor allem seiner Dreistigkeit und seiner Schläue zuzuschreiben ist. Ein Fuchs kann einen fast zwei Meter hohen Zaun überspringen und wird jede natürliche oder künstliche Erhöhung als Sprungbasis benutzen, um in den Hühnerhof zu gelangen. Er kann auch wie ein Seiltänzer auf der schmalen Oberkante fester Holzzäune entlangbalancieren. Roald Dahl beschreibt in seinem Kinderbuch *Der Fantastische Mister Fox* sehr anschaulich die Tricks und Sperenzchen, zu denen ein Fuchs auf der Jagd nach Hühnern in der Lage ist.

Füchse sind vor allem in der Morgen- und Abenddämmerung aktiv, und Füchsinnen (Fähen) mit Jungtieren sind von Mai bis August besonders dreist. Ein Fuchs wird gewöhnlich alle Hühner töten, vielleicht aber auch nur eines, um dann an den nächsten Tagen die anderen zu holen. Hat ein Fuchs erst einmal einen Hühnerstall oder -hof entdeckt, wird er oft zurückkehren, um die Abwehrmaßnahmen zu erkunden und zu schauen, ob er sich sein Abendessen holen kann. In jüngerer Zeit sind Füchse auch immer häufiger tagsüber aktiv, vor allem und zunehmend in Dörfern und Städten. Dies bedeutet, dass die Hühnerhalter ihre Schar nicht mehr tagsüber frei herumlaufen lassen können, solange sie nicht von Menschen oder Hunden bewacht werden.

Nerze wurden von manchen Tierrecht-Aktivisten aus Nerzfarmen befreit. Der Europäische Nerz gilt als ausgestorben, aber der größere und aggressivere Amerikanische Nerz, eine invasive Art, wird Ihre Hühner erbarmungslos töten. Er jagt vor allem nachts, ist ein guter Kletterer und kommt auch leicht durch sehr kleine Öffnungen. Da er teilweise im Wasser lebt und gut schwimmen kann, stellt er vor allem in der Nähe von Gewässern wie Teichen oder Flüssen eine Gefahr dar.

Obwohl Nerze relativ klein sind, verfügen sie über erstaunlich große Körperkraft und sind mit äußerst scharfen Zähnen ausgestattet – sie können sogar Schwäne töten. In manchen Gegenden auf den Britischen Inseln richteten Nerze so große Schäden im Ökosystem an, dass man gezielte Programme zu ihrer Ausrottung durchführen musste. In Deutschland dürfen wild lebende Amerikanische Nerze nur gezielt und ausschließlich von Jägern mit entsprechender Erlaubnis entnommen werden.

Wiesel sind richtige kleine Schurken und stellen eine ähnliche Gefahr für Ihre Hühner dar wie die Nerze. Sind sie in den Hühnerstall gelangt, verhalten sie sich jedoch weniger abscheulich und mordsüchtig als die Nerze. Mit starkem, kleinmaschigem Drahtgeflecht lassen sie sich von den Hühnern fernhalten.

Baummarder wurden in manchen Gegenden Schottlands aus gutem Grund eingeführt, um mit ihnen die invasive Art der grauen Eichhörnchen zu bekämpfen. Sie sind kein natürlicher Fressfeind Ihrer Hühner, werden sie aber auch nicht grundsätzlich verschmähen. Auch sie sind gute Kletterer und sehr gelenkig und können durch sehr kleine Öffnungen eindringen.

Ratten sind die schlimmsten Schädlinge im Hühnerhof. Sie schleppen nicht nur eine Reihe von Krankheiten für die Vögel (und auch für uns Menschen) ein, sondern können Hühner mit entsetzlicher Effizienz und Präzision töten. Vor allem für Zwerghühner und Küken sind sie eine große Gefahr, aber ich habe von Bekannten gehört, dass sie auch Großhühnern gefährlich werden können, zumal die Ratten selbst immer größer zu werden scheinen.

Für die Hühner ist es lebenswichtig, dass wir die Ratten von ihnen fernhalten, indem wir uns verantwortungsvoll um die

Hühnerschar kümmern. Hühner seien berüchtigt dafür, dass sie Ratten geradezu magisch anzögen, sagt man. Das ist unfair. Hühnerhalter, die mit einem Rattenproblem zu kämpfen haben, sind meistens unordentlich und lassen nicht gefressenes Futter offen um die Futterbehälter herum liegen oder lagern Futter und Stroh nicht sicher und sachgemäß.

Ratten schaffen es leicht, sich durch den unteren Rand eines hölzernen Hühnerstalls zu nagen, wenn er direkt auf dem Erdboden steht. Ich bevorzuge Ställe und Ausläufe, die wie Penthäuser konstruiert sind – bei denen der eigentliche Stall erhöht über dem Erdboden steht, sodass die Hennen auch darunter herumpicken können. Man kann den Stall an den vier Ecken auf Betonschalsteine setzen, sodass er mindestens 30 Zentimeter über dem Boden steht. Ratten lieben es, sich in herumliegenden Abfällen zu verstecken, und sie mögen es auch, etwas Festes

Starker Drahtzaun widersteht auch den schärfsten Fuchs- und Rattenzähnen

über dem Rücken zu spüren – seien Sie also immer ordentlich. Verschließen Sie jeden Spalt und jedes Loch am Hühnerstall mit reichlich Stahlwolle, die sie nicht durchnagen können.

Das Wichtigste im Kampf gegen Ratten ist es, den Hühnerstall mit rattensicheren Futterautomaten auszustatten und das Futter und Neststroh in sicheren Metallbehältern aufzubewahren. Ratten fühlen sich vor allem vom Futter angezogen. Stellen Sie Ihren Komposthaufen nie in der Nähe des Hühnerhofs auf, weil die Ratten sich darin einnisten können und die vom Kompost erzeugte Wärme zu schätzen wissen.

Ein Rattenbefall lässt sich vermeiden, wenn die obigen Punkte von Anfang an befolgt werden. Sollten Sie aber dennoch Ratten in der Umgebung Ihrer Hühner entdecken, wäre es die beste Lösung, einen oder zwei eifrige Rattenjäger in den Haushalt aufzunehmen, etwa Jack Russel Terrier. Wenn sie gut darauf

Wichtiges Zubehör: Rattensichere Futterbehälter zum Aufhängen

trainiert sind, nur die Ratten, nicht aber Ihre Hühner zu töten, können sie zum besten Freund des Hühnerhalters werden. Leider kenne ich nicht viele Hunde, die der Versuchung widerstehen können, auch mal eine Henne zu holen. Schließen Sie daher Ihre Hühner im sicheren Stall ein, solange die Hunde rund um das Hühnergehege nach Ratten schnüffeln.

Die Zahl der *Dachse* wächst ständig weiter an – unglaublich starke Tiere, die immer nachts angreifen und die Hennen buchstäblich zu einem blutigen Klumpen zerfetzen. Sie zwängen sich durch jede Schwachstelle in den Holzwänden des Hühnerstalls oder im Maschendraht und sind absolut fähig, eine locker sitzende Auslaufklappe aufzustoßen. Sichern Sie daher sämtliche Gartentore sowie die Eingänge zum Stall und zum Auslauf mit robusten Riegeln, damit die Tiere nicht eindringen können. Glücklicherweise können Dachse weder gut klettern noch springen.

Ein Dachs sorgte dafür, dass die letzten Hühner, die in den gepflegten Gartenanlagen von Schloss Chatsworth frei herumlaufen durften – drei flauschige Französische Faverolles –, ein trauriges Ende fanden. Da inzwischen mehrere Dachse in den Parkanlagen leben, wird das Geflügel heute nur noch in den sicheren Gehegen der Chatsworth-Farm gehalten.

Wildvögel wie Ringeltauben oder Spatzen sollten nicht in der Nähe des Hühnerhofs geduldet werden, da sie Parasiten wie Rote Vogelmilbe und Läuse übertragen können und den Hühnern das Futter wegfressen. Insbesondere Fasane sollten verjagt werden, da sie oft von Krankheiten wie dem parasitären Luftröhrenwurm befallen sind. Generell stellen alle Wildvögel eine potenzielle Gefahr dar, weil sie die Vogelgrippe auf die Haushühner übertragen können.

Die Futterstellen sollten daher unter einem überdachten Auslauf oder noch besser im Hühnerstall selbst positioniert werden.

Krähen und Elstern betätigen sich manchmal als freche Eierdiebe. Möglicherweise kann eine über der Auslaufklappe herabbaumelnde Kette ein gutes Abschreckungsmittel sein.

Überdachte Ausläufe und Hühnerhöfe können verhindern, dass *Raubvögel* wie Bussarde, Hühnerhabichte und Rotmilane tagsüber Hühner zu greifen versuchen. Für Großhühner sind sie normalerweise keine Gefahr, wohl aber für Zwerghühner und Küken.

Hunde Der womöglich ärgerlichste Bösewicht, mit dem es ein Hühnerhalter immer öfter zu tun bekommt, ist der Halter von schlecht erzogenen, unterforderten oder gelangweilten Hunden. Im Gegensatz dazu wird sich ein wohlerzogener Hund als bester Beschützer der Hühner erweisen. Manche Höfe mit Freilandhaltung setzen den Maremmen-Abruzzen-Schäferhund ein. Der große Hund mit seinem weißen, langen Fell ist ein sehr guter Arbeitshund aus Italien, der seine Schafherden notfalls auch gegen Wölfe und Bären verteidigt. (Auch Alpakas werden erfolgreich für die Bewachung freilaufender Hühner eingesetzt. Zwei erwachsene Alpakas können ohne Weiteres einen Fuchs vertreiben, und angeblich mögen Füchse ihren Geruch nicht.)

Bei Hunden ist es allerdings wichtig, dass sie schon als Welpen mit Hühnern vertraut gemacht werden und lernen, dass diese zu ihrem Rudel und zu ihrem Zuhause gehören. Ein gelangweilter Nachbarhund oder ein Hund, der ohne Leine herumstreunt, mag sich durchaus dazu verleiten lassen, ein paar Hühner zu töten oder der Schar zu viel Stress zuzufügen, vor allem, wenn er sie im Gehöft herumjagt. Das widerfuhr erst kürzlich meinen Zwerghühnern, als sie von zwei dummen, gelangweilten Labrador-Hunden herumgejagt wurden. Danach wollten die Hühner lange Zeit nicht mehr ins Freie, sondern blieben blass und verängstigt im Hühnerstall hocken.

Um solche Zwischenfälle zu verhindern, sollte Ihr Garten gut abgegrenzt und mit guten Toren versehen sein. Zäune und besonders die Hecken sollten an der Basis mit Maschendraht bewehrt werden. Ich hole mir oft alte, hübsch verrostete Kamingitter vom Schrottplatz – das verrostete Eisen fällt vor dem verholzten Saum einer Hecke kaum auf. Manche Hundehalter reagieren absolut gewissenlos, wenn ihre Hunde Nutztiere jagen oder töten. In meiner ländlichen Heimat flogen deshalb auch schon mal die Fäuste! Hühner, die von Hunden oder Füchsen verletzt wurden, müssen sanft in warmem Salzwasser gebadet und mit für Geflügel zugelassener antiseptischer Wundsalbe – beispielsweise Neosporin – behandelt werden. Es ist auch sinnvoll, eine Packung koagulierendes Haut- und Wundpulver zur Hand zu haben, mit dem sich Blutungen bei verwundeten Hennen schneller stillen lassen.

Menschen In jüngerer Zeit haben Geflügeldiebstähle in Großbritannien zugenommen, vor allem wird seltenes und reinrassiges Geflügel gestohlen. In Deutschland gibt es hierzu keine separate statistische Erfassung. Wenn Ihre Hennen im freien Hühnerauslauf gehalten werden, ist es sinnvoll, das Hühnerhaus und das Gehegetor mit guten Vorhängeschlössern zu sichern. Manche Leute machen sich einen Spaß daraus, sich bei den Behörden oder Verpächtern darüber zu beschweren, dass Sie Hühner halten. Bevor Sie Hühner anschaffen, sollten Sie daher in Ihren Unterlagen überprüfen, ob Sie das Recht haben, Hühner im Garten oder auf dem Grundstück zu halten. Nahe Nachbarn könnten sich über die Lärmbelästigung durch krähende Hähne beschweren. In diesem Fall sollten Sie den Hahn nicht schon frühmorgens ins Freie lassen. Es ist erstaunlich, wie gut die Holzwände des Stalls den Lärm dämpfen können.

MIT EINER GUTEN BEHAUSUNG können Sie viel zum Schutz Ihrer Hühner beitragen. Ein Hühnerstall mit Auslauf nach dem Volieren- oder Penthouse-Bauprinzip kann eine kleine Schar von Gartenhühnern schon recht gut gegen die vorstehend erwähnten Übeltäter schützen. Noch sicherer wird die Anlage, wenn sie vollständig überdacht ist.

Der britische Journalist und Fernsehkoch Hugh Fearnley-Whittingstall entwarf einen Hühnerstall, der auf einem zwei Meter hohen alten Telegrafenpfosten stand. Eine romantische Idee, um den Fuchs auszutricksen, aber ich frage mich, wie gut sich so ein Stall ausmisten lässt, wenn man dazu eine Leiter braucht.

Man vergisst unglaublich leicht, die Hühnerhausklappe nachts zu schließen. Sie können sich durch eine App auf dem Smartphone daran erinnern lassen – oder, wie ich einmal gehört habe, eine Neon-Leuchtschrift »Hühner einschließen« ins Küchenfenster hängen (was mich an Tracey Emins Leuchtschrift »I Want My Time With You« am St. Pankras-Bahnhof in London erinnert). Die meisten Hühnerhalter schließen die Klappen von Hand. Batteriebetriebene Schließmechanismen sind hilfreich, wenn Sie verreist sind, aber Sie sollten dafür sorgen, dass sie nicht zu früh aktiviert werden und Hennen ausschließen, wenn sie noch nicht zum Schlafen in den Stall gehen wollen. Solche Geräte fungieren mit einer Lichtschranke, aber ich persönlich vertraue der Sache noch nicht so recht.

Ein mobiles Hühnerhaus verschafft Ihren Hühnern Zugang zu frischem Gras, wenn Sie in der glücklichen Lage sind, genug Platz zu haben, aber auch sicher sein wollen, dass Ihre Schar immer gut geschützt ist. Es wird sie jedoch nicht so effektiv schützen können wie ein fester Standort, bei dem der Zaun traditionell mindestens 30 Zentimeter tief in die Erde eingegraben ist. Sie müssen auf jeden Fall dafür sorgen, dass kein Tier den Zaun oder das mobile Gehege untertunneln kann. Eine gute Methode für mobile Gehege ist, ringsum starken Maschendraht mit Zeltheringen fest auf die Erde zu nageln. Die Breite sollte mindestens 60 Zentimeter betragen, und der Draht muss absolut flach auf der Erde liegen. Mit dieser Abwehrmaßnahme wird der natürliche Grabinstinkt von Füchsen ausgetrickst, der ihnen befiehlt, genau dort mit dem Graben zu beginnen, wo sie mit der

Erhöhter Hühnerstall und -auslauf im Stil einer Voliere, mit Dach als Schutz gegen die Vogelgrippe

Schnauze an einen Widerstand – einen Zaun oder eine Mauer – stoßen, in diesem Fall ist das der flach liegende Maschendraht um den eigentlichen Zaun. Weil sie nicht erkennen können, wie breit der Maschendraht ist, um unter dem Zaun durchzukommen, werden sie aufgeben.

Batteriebetriebene Hühnerklappe und festgenagelte Drahtschürze rund um das Gehege

Auch ist es besser, den Boden des Auslaufs mit Brettern statt nur mit Maschendraht auszulegen, es sei denn, der Draht ist mindestens 2,5 Millimeter stark. Ein Fuchs kann dünneren Draht durchbeißen, vor allem den üblichen Hühner- oder Hasendraht. Auch die Basis des Gehegezauns muss aus dickem, starkem Drahtgeflecht bestehen. Schafnetze können nützlich sein, vor allem wenn sie doppelt, also überlappend, gespannt werden, sodass die jeweilige Maschengröße kleiner wird, und zusätzlich dann auch noch der billigere Hühnermaschendraht mit weit kleineren Maschen befestigt wird.

Elektrische Geflügelschutznetze nützen nur dann etwas, wenn sie tatsächlich unter Strom stehen. Nach meiner Erfahrung funktionieren sie nur unzuverlässig und werden leicht zu einem heillosen Gewirr, das ein Kaninchen ohne Weiteres durchbeißen kann. Außerdem können einige Hühnerrassen darüber hinwegfliegen.

EIN KRANKES HUHN FÜHLT SICH vielleicht so ähnlich wie ein von Depressionen geplagter Mensch. Angstzustände bewirken Stress, und bei Hühnern fördert Stress oftmals Krankheiten. Die fatalen Folgen sind Immunschwäche und verringerte Widerstandskraft.

Kranke Hühner sind ein bedauernswerter Anblick. Es ist, als wollten sie einen herausfordern, ihnen aus schierem Mitleid den Hals umzudrehen, so jämmerlich sehen sie aus, wenn sie kraftlos mit geschlossenen Augen herumtorkeln. Ein stark gekrümmter Körper ist das schlimmste Zeichen. Jegliche Eleganz ist verschwunden, ihre Bewegungen und ihr Reaktionsvermögen sind stark verlangsamt.

Wenn eine Henne so elend aussieht, steht das Ergebnis leider oft schon fest. Hühner sind sehr gut darin, ihr Unwohlsein lange Zeit zu verbergen. Wenn sich die Symptome deutlich zeigen, ist es meist schon zu spät. Wenn Sie einen guten Tierarzt kennen, der Erfahrung mit Geflügel hat, ist vielleicht noch nicht alles verloren, aber Eile ist entscheidend.

Vorbeugen ist besser als Heilen. Wenn die Hühner sauber gehalten werden, ein möglichst stressfreies Freilandleben führen und mit gutem Qualitätsfutter ernährt werden, ist dies die beste Methode, Krankheiten zu verhindern. Sonne und frisches Gras sind außerordentlich nützlich, vor allem für die frisch geschlüpften Küken, wenn sie im Freien herumpicken und durch Sonnenbaden genug Vitamin D aufnehmen können – kein Vergleich zum Dahinvegetieren in dunklen, verdreckten Batteriekäfigen oder Ställen.

Hühner haben nur sehr wenig Mitleid mit ihren kranken Schwestern, die dann häufig erst recht schikaniert werden. Kränklich wirkende Hühner sollten daher rasch aus der Schar entfernt und separat, etwa in einem alten Hasenstall, versorgt und gepflegt werden, wo sie ungestört fressen und trinken können. Im Winter können Sie das Huhn in die Wärme im Haus bringen, aber nicht in einen stark beheizten Raum, damit sie nach ein paar Tagen Erholung bei der Rückkehr in den Stall draußen keinen Kälteschock erleiden. Denken Sie immer daran: Je länger eine Henne von der Schar getrennt ist, desto schwerer wird es für sie sein, sich wieder ihren alten Platz in der Hackordnung zu erkämpfen. Sie sollten sie daher wieder in die Schar setzen, sobald sie ein wenig zu Kräften gekommen ist.

Viele alte Bücher zur Geflügelhaltung raten dazu, immer eine Knoblauchzehe ins Trinkwasser der Hühner zu legen. Heutzutage sind viele Stärkungsmittel erhältlich, die teilweise routinemäßig oder aber bei Bedarf zur Vitaminversorgung oder zur Stärkung der Abwehrkräfte verabreicht werden, zum Beispiel *Nutri-Drops*. Als Nahrungsergänzungsmittel für Hühner ist *Beryl's Friendly Bacteria* besonders gut geeignet oder auch für eine gute Darmflora bei Küken. Halten Sie diese Mittel immer zur Verfügung, damit sie bei Bedarf schnell verabreicht werden können – bei kränkelnden Hühnern kann der Zeitfaktor entscheidend sein.

WENN SIE ZUM ERSTEN MAL mit der Hühnerhaltung beginnen, sollten Sie Ihre Hühner nur von Geflügelhöfen mit gutem Ruf kaufen. Vermeiden Sie Auktionen wie die Pest – und lassen Sie sich von niemandem etwas anderes einreden, denn solche Veranstaltungen können Brutstätten für Bakterien und alle möglichen Krankheitserreger sein, die Sie dann mit den ohnehin gestressten Tieren nach Hause tragen.

Am besten sollten Sie Vögel kaufen, die über 18 Wochen alt sind, weil sie dann schon robuster sind und sich nicht so leicht wie jüngere Tiere erkälten oder stressen lassen.

Manche Züchtungen sind besonders anfällig für die fatale Geflügellähmung (Marek-Krankheit). Professionelle Geflügelhändler, die solche Rassen (zum Beispiel Seidenhühner und Sebright-Zwerghühner) anbieten, werden die Küken in der Regel schon nach einem Tag dagegen impfen. Züchter, die große Hühnerscharen halten, sollten sie auch gegen Mycoplasma gallisepticum impfen, einen besonders schlimmen Erreger einer Atemwegserkrankung, der die Gesichter der Hühner anschwellen lässt und wässerige Augen verursacht. Coryza, der so genannte »Hühnerschnupfen«, zeigt ähnliche Symptome und verursacht Nasenausfluss und Atemprobleme.

Hier ist eine Liste der Dinge, auf die Sie beim Kauf Ihrer Hühner achten sollten:

- Ein heller, roter Kamm und Kehllappen, die nicht aufgedunsen oder geschwollen sein dürfen

- Helle, klare Augen

- Kein Niesen, lautes Schnaufen, Husten oder Kopfschütteln

- Keine verklumpten Fäkalien oder Federnässe unter dem Schwanz

- Frischer Kot sollte fest, typischerweise braun-grün mit weißen Beimengungen, manchmal auch hellbraun sein, aber keinesfalls wässrig

- Beine und Füße sollten keinen Schorf und keine Verkrustungen aufweisen, sondern schuppig und glatt sein

- Das Federkleid sollte nicht stumpf und staubig, sondern glänzend und gut gepflegt sein. Ist eine Henne gerade in der Mauser, wird sie ungepflegt aussehen, sollte aber dennoch aktiv wirken. Im Allgemeinen sollten Sie jedoch keine Vögel während der Mauser kaufen, weil dies zusätzlichen Stress bewirkt und ihnen nicht guttun wird. Gute Züchter werden ohnehin keine sich mausernden Hühner zum Verkauf anbieten.

- Prüfen Sie das Gewicht des Tieres. Sie sollten sich keinesfalls wie eine Papiertüte voller Federn anfühlen, sondern eher wie ein Pfund Zucker.

- Nehmen Sie sich die Zeit, die Hühner zu beobachten. Sie sollten aktiv, aufmerksam und leicht aufgeregt erscheinen, auch mal auf ihre Ruhestange flattern, staubbaden, neugierig ihren Beobachter anstarren oder ihre Federn putzen.

Ein lebhaftes, gesundes Cotswold Legbar-Huhn

Und schauen Sie sich auch die Farm an, von der Sie die Hühner kaufen wollen. Werden die Futter- und Wasserstellen sauber und frei von Mist gehalten? Sind die Tiere sauber, werden ihnen Beschäftigungsmöglichkeiten geboten? Scheinen sie gut versorgt zu werden? Macht die Farm insgesamt einen gepflegten, gut geführten Eindruck? Sind Anzeichen von Ratten zu sehen? Wenn in Ihrem Kopf irgendeine Alarmglocke zu läuten anfängt, sollten Sie sich höflich verabschieden: »Okay, wir wollten uns nur mal kurz umschauen, wir fahren morgen in Urlaub und wollen erst danach Hühner kaufen.« Und wenn man versucht, Sie zum Kauf zu drängen, ist das nur ein weiteres schlechtes Zeichen.

Ein Ükkeler Bartzwerg bei der entspannten Federpflege

WENN ABER ALLES OKAY IST, werden Sie Ihr Abenteuer mit gesunden Hühnern aus guter Herkunft beginnen. Ihr Job wird dann sein, sie weiterhin in diesem Zustand zu halten, weshalb Sie darüber Bescheid wissen müssen, was Ihren Hennen widerfahren kann und wie die meisten Krankheiten zu verhindern sind. Von nun an sollten Sie nie mehr erwachsene Hennen kaufen, sofern Sie deren Herkunft nicht genau kennen. Kaufen Sie lieber befruchtete Eier der verschiedenen Rassen, die Ihnen gefallen, und lassen sie diese von Ihren ursprünglichen Hennen ausbrüten, wenn sie brütig werden. Damit verringern Sie das Risiko, Krankheiten oder Viren in Ihre gesunde Schar einzuschleppen. Wollen Sie dennoch erwachsene Vögel dazukaufen, sollten Sie sie zuerst in einem getrennten Gehege eine Woche oder länger beobachten, bevor Sie sie allmählich in die Hauptschar eingewöhnen.

Reisen Sie niemals mit Hühnern an einem heißen Tag. Sie kommen mit der Sommerhitze nicht sehr gut zurecht. Wenn sie schon unbedingt in Kisten transportiert werden müssen, sollten sie ruhig gehalten und gut gekühlt werden. Wasser sollte ihnen immer zur Verfügung stehen, auch können Sie ihnen Erdbeeren, Dosenmais, Wassermelone oder feuchte Vogelmiere anbieten, um sicherzustellen, dass sie immer gut hydriert sind. Für kränkelnde Hühner ist Braunbrot, in die Sauce von gebackenen Bohnen getunkt, eine gute Nahrung.

WENN ES EINER HENNE SCHWERFÄLLT, ihre Eier zu legen, könnte es sein, dass sie an der sogenannten Legenot leidet. Sie wird dann eher still und aufrecht dastehen, und man wird ihr ansehen, dass sie sich nicht wohlfühlt. Geben Sie ihr ein sanftes, warmes Bad, das mindestens eine halbe Stunde dauern sollte. Dabei sollte das Wasser ihren Unterleib und die Kloake umspülen. Fügen Sie dem Wasser eine gute Prise Bittersalz hinzu und helfen Sie dem Huhn, sich zu entspannen. Trocknen Sie das Tier sanft ab; benutzen Sie auch einen Föhn auf niedrigster Stufe. Danach sollte ihr das Legen leichter fallen. Einer Henne ein Bad zu gönnen ist immer eine gute Sache, vor allem in einem warmen Sommer, weil sie dann auch schnell wieder trocken werden. Die meisten Hennen gehen recht entspannt damit um.

Manchmal legen Hühner auch etwas, das als »Feen-Ei« bezeichnet wird und ungewöhnlich klein ist, nur etwa so groß wie eine Murmel. Das geschieht, wenn sich die Eierschale schon um das Eiweiß bildet, bevor das Eigelb in den Eileiter gelangt, sodass das Ei sehr klein und dotterlos ist. Eier mit zu weicher Schale werden durch den Mangel an Grit oder auch durch Stress verursacht, was mitunter zu seltsam geformten Eiern führen kann. Eier mit zwei Dottern stammen oftmals von Junghennen, die gerade erst mit dem Legen angefangen haben.

Bei Hühnern können auch bestimmte Arten von Kloakenfäule auftreten, bei der sich ein Ausfluss um die Kloake sammelt und zu einer weißen Schicht verkrustet. Auch hierbei kann ein warmes Bad hilfreich sein; danach sollten Sie den betroffenen Bereich mit *Canesten*-Creme eincremen, einer Creme, die zur Behandlung von Pilzerkrankungen verwendet wird. Ich schneide immer vorsichtig die Federn am Po meiner Hennen zurück, weil man gerade bei den schweren und bauschigen Hühnerrassen den Bereich um die Kloake öfters auf flüssige Ausscheidungen checken sollte. Diese sind unter den dicht stehenden Federn nicht leicht zu bemerken, bis sie schließlich den Federflaum hart verklumpen. Tritt ein Ausfluss ständig auf, ist das kein gutes Zeichen. Der Kot eines gesunden Huhns ist im Allgemeinen eher fest und bräunlich, kann aber auch grünlich oder grau sein, und weist eine weißliche Harnsäureschicht auf. An heißen Tagen kann der Kot aufgrund erhöhter Flüssigkeitsaufnahme auch leicht flüssig oder schaumig sein; das ist noch kein Grund zur Sorge.

Rote Vogelmilbe Die heimtückischste Erkrankung von Haushühnern wird von der Roten Vogelmilbe verursacht, einem blutsaugenden Ektoparasiten (nicht zu verwechseln mit der Roten Spinnmilbe, auch Rote Spinne genannt, die jedoch Pflanzen und nicht Geflügel befällt). Zuerst sieht die Rote Vogelmilbe wie ein sich schnell bewegender Stecknadelkopf aus, der dann aber rasch anschwillt, wenn sich die Milbe mit dem Blut der Henne vollsaugt. Tagsüber versteckt sich die Milbe im Hühnerstall und kommt erst heraus, wenn die Hühner zum Schlafen in den Stall zurückkehren, da sie dann deren Körperwärme spürt. Die Milben können rasch zu beängstigend großen Schwärmen anwachsen. Ohne Gegenmaßnahmen wird die Milbe Ihre Hühnerschar wie eine Horde von Minivampiren zu Tode saugen. Wenn Sie aus dem Hühnerstall kommen und Ihre Haut juckt, wird wohl die Vogelmilbe der Verursacher sein.

Von den regelmäßigen Reinigungsmaßnahmen abgesehen, die ich schon früher in diesem Buch beschrieben habe, gibt es noch andere Methoden, um einen Milbenbefall zu verhindern oder zu bekämpfen.

Die wirksamste Methode ist eine gründliche Reinigung des Hühnerstalls mit einer Boraxlösung. Sie sollten jedoch dieses Produkt nur sehr vorsichtig anwenden – Ihnen selbst und den Tieren zuliebe. Die Hühner dürfen nicht mehr in den Stall zurück, bevor die Dünste nicht völlig verschwunden sind, und werden daher in einem Korb übernachten müssen. Ihre Eier werden sie vorübergehend im Garten legen müssen, was sie nicht verstehen werden. Bei der Reinigung und danach sollten Sie eine Atemmaske und einen Augenschutz tragen. Man kann den Stall auch regelmäßig mit Kieselgur bestäuben, einem weißen Pulver aus den Schalen fossiler Kieselalgen. Das hat den Vorteil, dass die Hühner nicht ausziehen müssen. Ihre eigenen Lungen werden es Ihnen danken, wenn Sie das Pulver mit ein wenig Wasser zu einer Paste verrühren und das zuvor gereinigte Hühnerhaus damit einstreichen.

Es gibt auch Alternativen zu diesen Methoden, falls Sie sich eher für einen holistischen Ansatz entscheiden möchten, etwa weil Sie an Asthma leiden oder kleine Kinder vor den Chemiekeulen schützen wollen. Zur Vorbeugung können die Hühner selbst und auch der Stall mit Geflügel-Milben-Stop eingesprüht werden. Befolgen Sie jedoch genau die Gebrauchsanweisungen auf dem Produkt.

Ein guter Dampfreiniger oder der Dampf aus dem Wasserkocher kann den Milben ebenfalls ein Ende bereiten, da sie keine hohen Temperaturen ertragen. Manche Leute wenden geradezu

Mit Anti-Milben-Puder behandelte Schlafstange

besessen einen Unkrautbrenner an, mit dem sich die Sitzstangen leicht und kurz abflammen lassen, aber in einem Holzstall ist das natürlich die riskanteste aller Methoden.

Man kann den Hühnerstall für Milben auch unbewohnbar machen. Streichen Sie die unteren Seiten der Sitzstangen großzügig mit Vaseline ein. Eine schlaue Methode ist auch, die Stangen an Draht aufzuhängen, sie jedoch gut festzuzurren, damit sie nicht frei schwingen können. So lassen sich die üblichen festen Klammern und Halterungen vermeiden, in denen sich den Milben Ritzen und Lücken bieten. Im Notfall können Sie auch Geschirrwaschmittel in die Lücken und Spalten gießen, wenn Sie nichts anderes zur Hand haben.

Auch starker Pflanzengeruch kann Milben vertreiben. Sprühen Sie den Stall innen mit einer Mischung aus Citronellaöl und Zitronensaft ein. Auch Artemisia-Blätter und -Öl sollen nützlich sein (wobei zwischen Beifuß und Wermut zu unterscheiden ist). Sie können die silbrig-graue Zierpflanze in Büscheln auf trockenen Böden und in voller Sonne in den Garten setzen. Großzügig ausgestreute getrocknete Blüten oder Blätter von Lavendel, Rosmarin, Zitronenstrauch und Eukalyptus vertreiben Milben aus ihren Nistplätzen und sehen auch als Nestmaterial recht hübsch aus.

Weil es mir immer auch um den visuellen Eindruck geht, liebe ich es, frisch gehacktes Stroh im ganzen Hühnerstall auszustreuen. Manche Hühnerhalter nutzen es allerdings nur als Einstreu in den Nistkästen und legen den Boden unter den Sitzstangen mit alten Zeitungen aus, die sie aber fast täglich austauschen müssen, um den Milben nicht weitere Verstecke zu bieten (das verschmutzte Papier kommt auf den Kompost).

VON DEN GEFÜRCHTETEN blutsaugenden Roten Vogelmilben abgesehen, gibt es noch drei weitere Milbenarten, die man bekämpfen muss. Sie siedeln nicht im Hühnerstall, sondern auf den Hühnern selbst, sodass auch direkte Untersuchungen der Tiere erforderlich sind. Hinzu kommen interne Parasiten, die Ihre Hühner befallen können.

Kalkbeinräude Diese Krankheit wird durch Knemidokoptes-Milben verursacht. Für die Hühner ist sie sehr schmerzhaft und sorgt dafür, dass ihre Beine und Füße furchtbar aussehen – als würden daran weiße Kalkgeschwüre wachsen. Die Krankheit breitet sich recht schnell in der Schar aus und muss daher unverzüglich bekämpft werden. Warten Sie bis zur Dunkelheit und nehmen Sie dann eine Henne nach der anderen von der Schlafstange, um sie zu behandeln.

Reinigen Sie ihr die Füße in warmem Wasser, wobei sie Beine und Füße mit einer alten Zahnbürste abbürsten, um die Haut aufzuweichen. Danach tauchen Sie jeden Fuß in eine Schale mit Wundbenzin, idealerweise ein paar Minuten lang. Lassen Sie sich nicht dazu verleiten, die einzelnen Klumpen von den Beinen zu pflücken, weil dabei auch die Beinschuppen der Tiere weggerissen werden und das Beinfleisch ungeschützt bleibt. Sie können die Beine danach mit etwas Handpflegemittel eincremen. Am besten allerdings ist Vaseline geeignet, da es die winzigen Milben erstickt. Wiederholen Sie die Behandlung der befallenen Hühner jeden Monat, bis die Beine wieder gesünder aussehen. Es ist wichtig, dass brütige Hennen frei von Kalkbeinmilben bleiben, weil sie die Parasiten direkt auf ihre Küken übertragen können. Hühner mit Beingefieder sind besonders gefährdet, weil der Befall nicht zu erkennen ist, bis die Tiere zu humpeln anfangen. Sie müssen also gerade bei diesen Vögeln regelmäßig die Beine inspizieren.

Schnabelräude Auch für diese Krankheit sind die Knemidokoptes-Milben verantwortlich. Sie befallen vor allem Wellensittiche, zeigen sich aber manchmal auch bei Hühnern. Die Symptome sind schuppige, weiße bis gelbliche Beläge an den Schnäbeln, Unruhe und Juckreiz. Mittel zur Behandlung gibt es für Käfigvögel zu kaufen. Säubern Sie das Gesicht des Huhns mit einem weichen, in warmes Wasser getauchten Tuch und tragen Sie anschließend mit einem Wattebausch eine Lotion auf, sparen Sie jedoch die Augen und Federn aus.

Läuse/Federlinge Es gibt zwei Arten von Milben, die auf dem Körper der Hühner siedeln können. Gewöhnliche Hühnerläuse sehen unseren Kopfläusen recht ähnlich (gehen aber glücklicherweise nicht auf den Menschen über); sie sind hellbraun und legen ihre Eier an der Unterseite der Federn in harten kleinen Bällen, jedoch tritt der Befall nur bei Hühnern auf, die nicht regelmäßig gegen Läuse behandelt werden.

Nordische Vogelmilbe Schwerer zu entdecken und schädlicher für die Hühner, aber glücklicherweise weniger verbreitet, ist die Nördliche (oder Nordische) Vogelmilbe. Die Weibchen legen ihre Eier, die wie dunkle Hautschuppen aussehen, in Klumpen

Untersuchung einer Cream Leghorn auf Läuse

an der Basis der Federn ab, weshalb sie bei den dunkelgefiederten Rassen besonders schwer zu entdecken sind. Pudern Sie den Bauchbereich besonders gut mit Geflügelpuder oder tragen Sie Kieselgur auf, auch unter den Flügeln und am Analbereich. Tragen Sie dabei eine Atemmaske, weil das feine Puder leicht in die Luft verstäubt wird, wenn sich die Henne mit heftigem Flattern zu wehren versucht. Sie können auch Geflügelpuder an den Stellen ausstreuen, an denen die Hühner gerne ihr Staubbad nehmen, sodass sie es praktisch selbst anwenden. Hühner, die genügend Gelegenheit zum Staubbaden haben, halten sich normalerweise selbst sauber und werden weit seltener von Läusen und Milben befallen.

Kokzidiose Kokzidiose wird durch Parasiten verursacht und befällt vor allem junge Tiere, darunter auch Küken. Die Parasiten greifen die Darmschleimhaut an, wodurch die Nährstoffe im

Futter nicht mehr richtig verwertet werden können. Küken von seriösen Geflügelfarmen sind dagegen geimpft, und es gibt auch verschreibungspflichtige Medikamente für Küken. Bei der Behandlung sind strenge Hygienemaßnahmen erforderlich.

Würmer Wie bei Katzen und Hunden können auch bei Hühnern Wurmkrankheiten auftreten, die ihre Gesundheit und ihre Legeleistung beeinträchtigen. Würmer vermehren sich vor allem dann, wenn die Hühner über längere Zeit immer an denselben Stellen picken, weil dadurch die Wurmeier verbreitet werden. Hühner in Freilandhaltung werden nicht so oft und weniger heftig von Würmern befallen. Trotzdem sollten alle Hennen meiner Meinung nach einmal im Jahr entwurmt werden, indem man den Hühnern eine Woche lang ein Medikament, das ein Entwurmungsmittel enthält, verfüttert. Manche Halter behaupten, die Entwurmung müsse zweimal im Jahr erfolgen, aber ich halte das nicht für nötig.

Der schlimmste Endoparasit ist zweifellos der Luftröhrenwurm, auch Gabelwurm genannt, der in der Luftröhre von Vögeln lebt. Besonders bei Fasanen ist er sehr verbreitet, weshalb Sie darauf achten sollten, dass Fasane Ihren Hühnern nicht zu nahe kommen. Dieser Parasit verursacht vor allem bei jungen Hennen buchstäblich alle paar Minuten akute Atemnot und ist oft tödlich. Alle Junghühner sollten daher zwischen der 18. und 25. Lebenswoche gegen den Gabelwurm und andere interne Parasiten behandelt werden.

Geflügelwürmer können mit Flubenvet bekämpft werden. Das Medikament ist eigentlich zum Entwurmen von Katzen und Hunden bestimmt und musste ursprünglich vom Tierarzt verschrieben werden, ist jedoch auch für Hühner geeignet und kann durch entsprechend angereicherte Legehennenpellets verabreicht werden. Es gibt sowohl pflanzliche als auch chemische Wurmkuren, die dem Legehennenfutter beigemischt werden. Die chemischen Kuren sollten jedoch nur unter Anleitung und

Beratung durch den Tierarzt angewendet werden. Das Medikament Flubenvet gilt nicht als organisches Mittel. Zwar können die während der Behandlung gelegten Eier verspeist werden, doch sollte man das Fleisch frühestens sieben Tage nach der Behandlung verzehren.

Dieses Buch schreibe ich in einer Zeit, die durch zwei große Gefahren für die private Hühnerhaltung geprägt ist: die Vogelgrippe und die steigenden Futtermittelpreise.

Vogelgrippe Die Vogelgrippe gilt heute als eine in der Wildvogelpopulation weit verbreitete Krankheit. Um ihre Ausbreitung unter den Nutzvogelarten wie dem Geflügel zu verhindern, verordneten die Behörden Lockdowns, »Aufstallpflicht« genannt, wonach das Geflügel aus Gründen der Tierseuchenbekämpfung (etwa der Vogelgrippe) monatelang im Stall gehalten werden muss.

Saisonal kommt es vor allem zwischen Herbst und Winter zum Höhepunkt der Vogelgrippewelle. Leider ist genau das die Zeit, in der die Rassehühner ihr bestes Federkleid zeigen, weshalb in diesen Monaten traditionell die Geflügelausstellungen stattfinden. Während der Corona-Pandemie durften keine Ausstellungen stattfinden, sodass während dieser Zeit das übliche Gackern nicht zu hören war und eines der Highlights im Leben der Hühnerhalter und -züchter verschwunden war. Doch inzwischen hat sich die Situation wieder normalisiert.

Wie alle anderen durch Influenzaviren verursachten Geflügelkrankheiten (»Geflügelpest«) sind Erkrankungen meldepflichtig. In der Forschung wird mit Hochdruck an Impfstoffen gearbeitet, auch solchen, mit denen Küken ebenfalls schon kurz nach dem Schlüpfen gegen die Hauptvirusvariante der Vogelgrippe geschützt werden können (bis das Virus mutiert). Aufgrund der hohen Kosten und schlechten Verfügbarkeit werden jedoch private Hühnerhalter so schnell keinen wirksamen

Ein Besuch beim Tierarzt

Schutz für ihre seltenen Rassehühner erwarten können, die sie im Garten hinter dem Haus halten – leider sind das oftmals Tiere, die nicht nur sehr schön aussehen, sondern auch dazu beitragen, die genetische Vielfalt der Hühnerwelt zu erhalten.

Ich kann das Leid der Geflügelhalter nachempfinden, die seltene Rassen von Hühnern oder Wasservögeln halten und eines Tages plötzlich entdecken müssen, dass ein Vogel der Vogelgrippe erlegen ist. Da diese Fälle meldepflichtig sind, werden die Behörden Maßnahmen entsprechend den jeweils geltenden nationalen Vorschriften verfügen. Großbritannien war im Winter 2024/2025 von einem besonders starken Vogelgrippe-Ausbruch betroffen, der zu Zigtausenden Keulungen führte und bei dem das Virus in der Wildvogelpopulation ständig präsent blieb. Viele der Hühner wurden in separaten Gehegen gehalten; die Keulungen hätten daher auch gezielter erfolgen können. In Deutschland traten Ausbrüche der hochpathogenen aviären Influenza (HPAI) bisher mit geringerer Intensität auf und sind oft lokal begrenzt.

Da es bei der Bekämpfung des Virus keine Rolle spielt, wie selten die jeweilige Hühnerrasse ist, können bei einem Ausbruch ganze Sammlungen seltener Rassen gefährdet sein, die vielleicht das Lebenswerk und auch den einen Teil des Lebensinhalts eines Züchters oder Halters ausmachen. Würden die Behörden vergleichbare Maßnahmen etwa in den Hundezwingern oder bei den Haushunden anordnen, wäre ein nationaler Aufschrei die Folge.

Das Risiko der behördlich angeordneten Keulung ist ein weiterer Grund, warum ich mich für das Halten reinrassiger Hühnerzüchtungen anstelle der Hybriden einsetze. Je mehr Rassehühner in privaten Gärten von engagierten Liebhabern gehalten werden, desto besser sind die Chancen, dass auch nach einer Seuche seltene und völlig verschiedenartige Rassen in der Zukunft erhalten bleiben.

Als Halter sorgen wir uns um das Wohl und die Sicherheit unserer Vögel, weshalb die Vorbeugungsmaßnahmen gegen die Vogelgrippe das ganze Jahr über Standardpraxis der Hühnerhaltung sein sollten. So können Sie beispielsweise eine Stiefel-Desinfektionswanne mit dem tiermedizinischen Breitband-Desinfektionsmittel *Virkon* am Eingang des Geflügelhofs aufstellen, weil das Virus auch an Ihren Stiefeln haften kann. In England wurde vorgeschlagen, dass sämtliche Geflügelhalter in einem nationalen Register erfasst werden sollten. Ich bin dagegen, weil dies unserem kulturellen Recht auf Selbstversorgung widerspricht und weil kleine Bestände behandelt werden, als wären sie ein Risiko für die intensive Geflügelindustrie. In Deutschland müssen Geflügelhalter ihre Bestände beim zuständigen Veterinäramt und der zuständigen Tierseuchenkasse melden. Hier ist jedes einzelne Tier, unabhängig von der Art (Hühner, Enten, Gänse etc.), ab dem ersten Tier meldepflichtig, und es muss ein Bestandsregister mit Zu- und Abgängen geführt werden.

Futtermittelpreise Die zweite Gefährdung der Hühnerhaltung ist im starken Anstieg der Preise für Futtermittel und Streu (Stroh,

Heu) zu sehen. Der Anstieg wird teilweise durch die globalen politischen Entwicklungen und durch den Klimawandel verursacht und stellt für die Finanzen privater Hühnerhalter eine große Belastung dar. Sie können zwar die Eier verkaufen und somit einen Teil der Kosten decken. Der Direktverkauf unsortierter und nicht gekennzeichneter Eier »am Gartentor oder an der Haustür« ist grundsätzlich ohne Meldung möglich. Aber verkaufen Sie die Eier nicht zu billig – denken Sie daran, wie viel die Menschen heutzutage bereitwillig allein für eine Tasse Kaffee ausgeben!

ICH BRACHTE EINMAL EINEN HAHN zum Tierarzt, um ihn einschläfern zu lassen. Der Hahn war ein gelbbrauner Cochin namens Christopher, der sehr krank geworden war. Krebs wurde diagnostiziert. Der Tierarzt untersuchte ihn und stimmte mir zu, dass es das Beste sei, ihn von seinen Leiden zu befreien. Ich hing sehr an Christopher und weiß noch, wie sehr es mich störte, dass zwei junge Helferinnen kicherten. Ich fragte den Tierarzt, ob die beiden auch kichern würden, wenn ich einen Labrador zum Einschläfern gebracht hätte?

Christophers Partnerin hatte früher auch einmal wegen Legenot in eine Tierarztpraxis gebracht werden müssen. Das war eine Tierärztin gewesen, die von Hühnern keine Ahnung hatte und sofort verkündete, meine arme Henne die Vogelgrippe – obwohl sie keine derartigen Symptome zeigte. Bevor ich noch widersprechen konnte, rief sie schon einen amtlichen Tierarzt an, was mich nicht nur besorgt, sondern auch wütend machte (zumal ich das alles bezahlen musste). Die Henne musste viel erleiden, weil man sie nicht betäuben wollte. Sie starb am Tag darauf zu Hause in einem Korb, ein wunderschönes bauschiges, jetzt aber lebloses Federbündel.

Ich habe schon viel von Tierärzten gehört, die kein Verständnis für Geflügel aufbringen, falsche Folgerungen ziehen und für kranke Lieblingshühner meldepflichtige Diagnosen wie Vogelgrippe oder Newcastle-Krankheit stellen. Das kann mit-

Zahme Hennen wagen sich in Mins Haus

unter sogar dazu führen, dass das Veterinäramt seine Mitarbeiter in weißen Raumanzügen in den Garten des Hühnerhalters schickt, was für alle Betroffenen ein traumatisches Erlebnis sein kann. Daher ist es kein Wunder, dass Hühner nur selten in die Tierarztpraxis gebracht werden. Sollten Sie einen Tierarzt oder eine Tierärztin finden, der oder die sich mit Geflügel auskennt, dürfen Sie sich glücklich schätzen. Aber es scheint allmählich besser zu werden: In Großbritannien bietet nun die Universität von Nottingham zusammen mit dem zuständigen Veterinäramt einen Online-Kurs in Geflügelmedizin an. Das geschieht vor dem Hintergrund der Tatsache, dass Hühner inzwischen in Großbritannien unter den zehn beliebtesten Haustierarten rangieren (in Deutschland ist die private Hühnerhaltung weit weniger verbreitet). Mit veränderter Einstellung gegenüber den Hühnern und mehr Information und Bildung wird auch die Zukunft der Hühnerhaltung wieder rosiger aussehen!

ZWERGHÜHNER: KLEINE SCHMUCKSTÜCKE

WENN DER zur Verfügung stehende Platz knapp und wertvoll ist, würde ich persönlich Zwerghennen statt Großhühnern den Vorzug geben. Sie kommen ohne viel Aufwand mit jedem Platz zurecht, ob groß oder klein, und beleben ihn mit ihrem geschwätzigen, eifrigen Picken und Scharren. Außerdem sehen sie auch besonders hübsch aus und besitzen unter allen Hühnern am meisten Persönlichkeit. Und im Vergleich zu den Großhühnern sind sie mit sehr wenig Futter zufrieden.

Der Begriff »Zwerghuhn« wird oft missbräuchlich verwendet. Es gibt viele Vögel, die als Zwerghühner bezeichnet werden, aber in Wirklichkeit nur Miniaturversionen sind, die aus populären Großhuhnrassen gezüchtet wurden. Die *echten* Zwerghühner (»Urzwerge« genannt) bilden in dieser Schar eine sehr exklusive kleine Gruppe – nicht nur nach ihrer Zahl, sondern auch, weil sie selbst sehr klein sind (in manchen Fällen sogar kleiner als Tauben). Was ihnen an Größe fehlt, machen sie durch ihre Persönlichkeit wett.

Widmet man schon den Küken viel Aufmerksamkeit, werden sie als erwachsene Zwerghühner so zutraulich wie Papageien – man kann sich ein Zwerghuhn auf die Schulter setzen, und es wird weder flattern noch verängstigt reagieren. Manche Rassen, vor allem das Cochin- und das Belgische Zwerghuhn, sind für Kinder perfekt geeignet. Manche dieser Tiere werden fast so etwas wie zweibeinige Schoßhündchen, so ruhig und gelassen sind sie im Umgang mit den Menschen und lassen sich auch in einem mit einer Decke ausgekleideten Weidekorb auf einem Wochenendausflug mitnehmen. Andere

Zwergrassen wiederum sind empfindlicher und sollten eher als Schmuckstücke betrachtet werden, wenn sie durch einen ruhigen Garten stolzieren, wobei sie den Pflanzen mit ihren winzigen Beinchen kaum Schaden zufügen.

Manche Zwerghennen werden so zutraulich, dass sie wunderbare Haustiere sein können, zum Beispiel in einem Pflegeheim. Zufrieden sitzen sie auf dem Schoß und lassen sich streicheln. Züchtungen mit gefiederten Beinen und Füßen fühlen sich auf den Knien älterer Menschen sanfter an, denn nackte Krallen können ein bisschen scharf sein. Gerade Pflegeheime liegen oft in einem Garten oder Park mit großen Rasenflächen, auf denen die Hühner frei herumlaufen können. Wenn nicht, können sie auch in einem Gehege in der Nähe der Terrasse gehalten werden, von wo aus die Bewohner sie gut beobachten können.

Damit Hühner handzahm bleiben, müssen sie täglich angefasst werden; manche wollen auch ein wenig verwöhnt werden. Vor allem die Hühner mit dichtem Federbesatz an den Füßen wissen ein warmes Fußbad im Winter zu schätzen.

Die Zwerghennen legen ihre Eier in Gelegen, manchmal legen sie auch überraschend lange Legepausen ein. Die Eier sind erstaunlich groß und zeigen eine tiefgelbe Dotterfarbe. Das Krähen der Zwerghähne kann recht schrill klingen, aber sie bieten einen sehr schönen Anblick mit ihren großen Kämmen und kleinen Federmähnen. Sie gehen normalerweise gut mit ihren Hennen um und finden sich zu starken Beziehungen zusammen. Wenn Sie nur ein Paar – Hahn und Henne – halten, werden Sie die beiden nie getrennt sehen; das Paar wird sich eher wie Wellensittiche denn wie Hühner verhalten. Zwerghähne gehen normalerweise auch gut miteinander um, sofern sie über genug Raum verfügen und jedem Harem mindestens vier Hennen angehören. Sie können auch mehr als einen Hahn in der Schar halten, vor allem, wenn sie Brüder aus demselben Gelege sind.

Ältere Zwerghennen benehmen sich wie kleine alte Ladys, gehen frühzeitig schlafen und leben eher gemächlich. Manche fühlen sich im Haus recht wohl, wo sie nicht mehr mit den jüngeren, lebhafteren Hühnern der Schar zusammen sein müssen. Im Haus lieben sie es, sich an den feucht-kalten Wintertagen auf weiche Sessel zu kuscheln und im Sommer ab und zu kurze Ausflüge in den Garten zu unternehmen, um Vitamin D zu tanken und ihre rosa Gesichtsfarbe beizubehalten.

Bei diesen lieben kleinen Schmuckstücken im Garten ist es wichtig, für eine gute Abwehr zu sorgen – ihre Gehege und Ställe sollten daher gut gegen Raub- und Nagetiere geschützt sein. Ohne Schutzmaßnahmen sind sie leichte Beute für Raubvögel – und in seltenen Fällen auch für Katzen. Daher sollten Sie Ihre Zwerghühner ständig in einem geschlossenen Gehege oder Hühnerstall halten, wenn Sie nicht zu Hause sind.

ÜKKELER BARTZWERG Diese hübsche und beherzte kleine Henne ist sehr gartenfreundlich. Vor allem die trefflich benannte Variante Millefleur (Tausend Blüten) zeichnet sich durch ein gelbbraun-rostrot geflecktes Gefieder mit einem zauberhaften Kaleidoskop aus schwarzen, weißen und dunkelorangen Tupfen aus. Weitere Kennzeichen sind ihre kleinen Backen und die bartähnlichen Federlätzchen unter dem Schnabel anstelle der fast fehlenden Kehllappen. Dieses typische Kennzeichen kann allerdings ebenfalls beim sehr ähnlichen Federfüßigen Zwerghuhn (niederländisch Sabelpoot) vorkommen.

Es wäre schön, wenn diese belgischen Zwerghühner auch nur einen kleinen Teil der Aufmerksamkeit bekämen, die heutzutage den Cochin-Zwerghühnern, den Favoriten der Hobby-Hühnerhalter, entgegengebracht wird. Sie sind nämlich ebenfalls ein echter Schmuck im Garten. Ich behaupte sogar, dass sie gegenüber den Cochin-Zwergen einen weiteren Vorteil haben:

Rote Ükkeler Bartzwerg-Millefleur-Henne

Roter Ükkeler Bartzwerg-Millefleur-Hahn

Sie werden bei Weitem nicht so oft brütig. Und manche der Hühner lassen sich auf den Arm nehmen, als wären sie lebende Teddybären. Die Hennen sind unglaublich geschwätzig, wenn man sie auf die Schulter setzt oder mit sich herumträgt.

Es war in Chatsworth, wo ich mich zuerst in die Ükkeler Zwerghühner verliebte. Dort entdeckte ich drei besonders schöne und lebhafte Hühner in einer frisch gestrichenen Hühnerarche, die mit gehacktem Stroh ausgestreut war. Am Stall hing ein Schild: »Ükkeler Millefleur, Geschenk an die Herzoginwitwe«. Sie lebten jahrelang auf der Schlossfarm, liefen frei herum und hielten sich gern auf dem Abenteuer-Spielplatz auf. Dort waren sie fast perfekt getarnt, weil ihr Gefieder von dem Fallschutz aus frischen Holzhackschnitzeln fast nicht zu unterscheiden war. Und sie kamen auch mit dem ganzen Trubel der spielenden Kinder gut zurecht.

Jahre später fuhr ich mit dem Zug nach Peterborough, um bei meiner netten Instagram-Freundin Karen ein paar Eier von ihrer bewundernswerten Hühnerschar abzuholen. Die Embryos im Ei sind sehr empfindlich, weshalb ich die Eier mit größter Sorgfalt transportierte und von einer erfahrenen Cochin-Zwerghenne bebrüten ließ. Trotzdem schlüpften letztendlich nur drei von dem Dutzend Eier, die ich bekommen hatte. Die Küken sehen wirklich winzig aus, anfangs eher wie neugierige Wachtelküken. Mit jeder Mauser wird ihr Federkleid schöner, aber je älter sie werden, desto mehr Weiß zeigt sich in ihrem Gefieder. Am schönsten sind sie mit ungefähr zwei Jahren. Und je älter die Hennen werden, desto länger dauert oft die Mauser.

Die Hähne sind sanft und eine einzige, muntere Freude. Sie stolzieren aufrecht mit ausgespreiztem Fußgefieder daher und bieten mit ihren hellen, glänzenden Federn und ihrem großen roten Kamm einen schönen Anblick. Die Hähne gehen gut miteinander um, sodass man gewöhnlich mehr als nur einen Hahn halten kann, wenn sie Brüder sind und genug Hennen vorhanden sind.

FEDERFÜSSIGES ZWERGHUHN (SABELPOOT) Bei einem Besuch des Parks von Rousham House in Oxfordshire fühlt man sich in eine frühere Zeit versetzt, in der noch nicht alles vom Kommerz beherrscht wird. Es gibt da weder einen Besuchereingang noch einen Souvenirladen, den Eintritt bezahlt man durch Geldeinwurf. Ein Schild mahnt mit weißen Lettern: »Dies ist ein privater Garten. Keine Kinder unter 15 Jahren, keine Kinderwägen, keine Hunde.« Besuchen Sie den Park im Juni, wenn im Gartenparterre die Fingerhutblüte zu sehen ist. Noch sehenswerter sind jedoch die gefiederten Parkwächter, die um den Parkplatz stolzieren: eine reizende Schar von Federfüßigen Zwerghühnern der Millefleur-Variante. Sie sehen den Ükkeler Bartzwergen zum Verwechseln ähnlich, und tatsächlich befinden sich auch ein paar Ükkeler in der Schar. Im Unterschied zu diesen tragen jedoch die Sabelpoots keinen Federbart unter dem Schnabel, sodass ihre Kehllappen klar erkennbar sind.

Zitron-porzellanfarbige Federfüßige Zwerghenne

Zitron-porzellanfarbiger Federfüßiger Zwerghahn

Neben den English-Longhorn-Rindern sind diese kleinen Hühner ein prägendes Merkmal des Landschaftsgartens um Rousham House. Sie wurden 1954 von Elspeth Cottrell-Dormer eingeführt, die in ihrem Kulturbeutel ein paar befruchtete Eier aus der Schweiz mitbrachte und erfolgreich ausbrüten ließ. Die Nachkommen vermehrten sich seither selbst. Heute sind sie in der Obhut von Ann Starling, der leitenden Gärtnerin, die ihnen jeden Abend Leckerli in Form von zerkrümelten Scones gibt, wenn sie die Hühnerställe abschließt.

Die überschüssigen Hähne schlafen in den Kuhställen, und ein paar besonders gutaussehende Hähne werden auch zur Schau gestellt, zusammen mit ihren Harems, insgesamt etwa drei Dutzend Hennen. Alle sind die Millefleur-Variante, von Anns Lieblingshenne abgesehen, eine wundervolle einzelne Porzellan-Sabelpoot-Henne mit leichtem Lavendel-Farbschlag, bei der die Federn mit feinstem honiggelbem Saum gerändert sind. In Europa sind 26 Farbschläge anerkannt; der Gold-porzellanfarbige Farbschlag ist am weitesten verbreitet.

Der in Großbritannien anerkannte Farbschlag zitron-porzellanfarbig (engl. »Lemon Millefleur«) mit schwarzen Tupfen auf gelbem Federgrund scheint die populärste und bekannteste Variante zu sein. Auch die Hähne präsentieren sich mit hübschen gelben Federn. Sowohl die Henne als auch der Hahn tragen sehr langes Fußgefieder, das gelegentlich zurückgeschnitten werden muss, was gerade bei den aktiven Zwerghühnern nötig ist, um ihnen das Gehen zu erleichtern.

ANTWERPENER BARTZWERG Dies ist eine allerliebste, winzige Henne mit großer Persönlichkeit. Sie hat einen hübschen rundlichen Körper und ein recht freches Gesicht, wie eine süße kleine Eule mit flauschigen Backen.

Antwerpener Bartzwerg-Henne

Die Hähne wirken unglaublich selbstbewusst, vielleicht zu sehr, denn sie krähen oft und sehr lautstark und attackieren jedes Bein, das ihnen zu nahe kommt. Der Hahn ist sehr aktiv und ein guter Springer, was es ihm erlaubt, über niedrige Zäune zu flattern. Beide, Henne und Hahn, sind auch sehr geschwätzig.

Antwerpener Bartzwerg-Hahn

Diese Rasse zählt zu den kleineren belgischen Zwerghühnern; man sollte sie daher gut vor Bussarden schützen und den Hühnerstall gegen Nagetiere sichern.

Chamoisfarbiger Sebright-Zwerghahn

SEBRIGHT Dies sind reizende kleine Hühner, die gut in einen ruhigen Garten passen und in einem voliereartigen Hühnerhaus mit vielen Ruhestangen gut leben können. Wenn sie schon als Junghennen oft hochgenommen werden, sind sie später nicht annähernd so flatterig wie andere Hennen, die nicht daran gewöhnt sind. Das ist gut zu wissen, denn wenn sie sich aufregen oder verängstigt sind, können sie einen erstaunlichen Lärm veranstalten.

Die Sebrights sind die zierlichsten und unvergesslichsten Zwerghühner überhaupt, wenn sie aufrecht auf ihren winzigen blauen Füßen stehen. Mit seiner Körperform und dem S-förmigen, nach hinten gebogenen Hals ähnelt das Huhn einer Pfautaube. Sebrights haben die schönsten Federn mit einer auffälligen und farblich perfekten Ränderung. Man unterscheidet vier Grundfarben, von denen das silber-schwarzgesäumte und das gold-schwarzgesäumte Federkleid am bekanntesten sind. Anfang des 20. Jahrhunderts kamen zwei weitere Farbschläge hinzu, darunter auch der Chamois-Farbschlag.

Die Sebright-Hühner wurden um 1800 von Sir John Sebright aus alten englischen Hühnerrassen gezüchtet. Hennen, die einer bestehenden Schar hinzugefügt werden, müssen viel Schikane aushalten. Der Kamm des Hahns war früher eher heidelbeerblau; heute ist er meistens leuchtend rot, aber bei manchen guten Hennen zeigt sich noch die alte Färbung.

Silber-schwarzgesäumter Sebright-Zwerghahn

Die Hennen legen die wenigen, meist winzig kleinen Eier vorzugsweise im Mai und Juni und sind in dieser Zeit auch am fruchtbarsten. Die Hähne können recht alt werden und sind mit einer einzigen Henne glücklich, wobei die Beziehung oft sehr stark ist. Eine Sebright-Henne wird normalerweise lieber auf ihren eigenen Eiern sitzen und erweist sich als gute

Mutter der Küken, die zunächst wie kleine graue Mäuse aussehen. Leider ist es mir nie gelungen, Sebrights für längere Zeit zu halten. Ich habe die befruchteten Eier auch schon mal durch robustere Zwerghennen wie Cochins ausbrüten lassen, aber das ging nie gut. Wie die Seidenhühner sind auch die Sebrights anfällig für das Marek-Virus, das sie gerade dann befällt, wenn den Küken das erste schöne Federkleid wächst. Schlägt das Virus zu, wirken die Tiere verloren und verwirrt und taumeln wie benommen herum; schon nach wenigen Tagen kommt es zu Lähmungen an Beinen oder Flügeln. Dann ist ihnen nicht mehr zu helfen. Die beste Vorbeugung ist, nur geimpfte Tiere zu kaufen, die mindestens 25 Wochen alt sind. Das würde ich normalerweise nicht empfehlen, weil ich Zwerghühner gern selbst aufziehe, aber bei den Sebrights kann es Ihnen viel Kummer ersparen.

Silber-schwarz-gesäumte Sebright-Zwerghenne

Chamoisfarbige Sebright-Zwerghenne

HOLLÄNDER ZWERGHUHN Diese Hühner ähneln in ihrer Körperform den Sebright-Zwerghühnern, doch sehen sie eher wie traditionelle Bauernhof-Hühner aus, vor allem in ihrem prächtigsten Federkleid, der Farbvariante »goldhalsig« (wildfarbig mit Goldgrund und dunklen Sprenkeln).

Der Hahn ist ein hübscher kleiner Gentleman mit roten, orangen und gelben Farben und eindrucksvollen Rückenfedern, die in einen schön geschwungenen Schwanzfederbusch übergehen, der so lang wie der Körper ist.

Goldhalsiger Holländer Zwerghahn und -henne

Holländer Zwerghennen tragen einen schönen handförmigen Federschwanz und auffällige weiße Ohrscheiben. Sie sind so klein, dass man ihnen auch Blumentöpfe als Nistplätze anbieten kann! Von ihren hellen Kämmen abgesehen, haben die Hennen ein ähnliches Federkleid wie die roten Dschungelhühner und können auch so gut fliegen wie diese.

Die Hennen brüten manchmal ihre kleinen Eier aus und suchen sich dafür oft ein eigenes Nest – in Freilandhaltung können das die ungewöhnlichsten Stellen sein. Die Zwerghennen sind jedoch unglaublich gleichgültige Mütter – es scheint, als hätten sie es eilig, nach dem wochenlangen Brüten wieder zu einem sorgenfreien Hennenleben zurückzukehren. Da die Küken oft mit ihren quirligen Müttern nicht Schritt halten können, bleiben sie manchmal kläglich piepsend und erschöpft zurück. Die kleine Familie sollte deshalb anfangs in einem sicheren und bequemen Kaninchenstall untergebracht werden, damit die Küken nicht in der Kälte vergessen werden.

Das Holländer Zwerghuhn ist fast die kleinste Zwerghuhnrasse (nur das Serama-Zwerghuhn ist noch kleiner, das eine ungewöhnlich aufrechte Körperhaltung hat), aber es hat keine Ahnung, wie klein es ist, und die Hähne krähen so schrill wie fast kein anderer Hahn.

Wegen ihres kleinen Körpers und den kleinen Füßen zählt das Holländer Zwerghuhn zu den gartenfreundlichsten Hühnerrassen. Ein Trio von Holländer Zwergen mit dem in England anerkannten Farbschlag »Cuckoo«, die in meinem Gehege ausgebrütet wurden, leben jetzt in den Gewächshäusern auf Schloss Howard, umgeben von unzähligen Duftgeranien.

CHABO (JAPANISCHES ZWERGHUHN) Chabos sind echte Zwerghühner, das heißt, es gibt keine Großform. Sie sind so klein, dass ihre gelben Füßchen unter ihrem Bauch kaum zu sehen sind. Ich selbst habe diese Rasse bisher nur bei Geflügelausstellungen zu sehen bekommen. Sie passen perfekt zu einem

Leben als Schautiere auf sauberen Holzschnitzeln, aber wie um Himmels willen würden sie über eine feuchte Graswiese gehen, ohne die ganze Nässe zu aufzunehmen? Doch sie sind wirklich herrlich, auch wenn ihr Aussehen völlig übertrieben erscheint – vor allem die Hähne mit ihrem kleinen Körper, dem riesigen Kamm und den langen, geschwungenen Schwanzfedern.

Chabo-Hahn und Henne, weiß mit schwarzgesäumtem Schwanz

Chabos werden sehr zutraulich und zahm und leben recht lange, aber ihre Beine sind wirklich sehr kurz, was einem robusten Kleinwuchsgen zuzuschreiben ist. Die Folge ist, dass sie viele Eier nicht erfolgreich ausbrüten.

Weiß mit schwarzem Schwanz ist der bekannteste Farbschlag; in Großbritannien sind auch die Varianten »Cuckoo« und Schwarz sind nicht selten anzutreffen.

Bring me sunshine!
Sarah Marshall uncovers 20 hot holidays designed to extend your

HOME SWEET HOME

INNERE RUHE finde ich immer darin, dafür zu sorgen, dass es meinen Hühnern gut geht. Der geregelte Ablauf, das tägliche Ritual, mich um die Hühner zu kümmern, half mir schon in meiner Kindheit, als sich bei mir Anzeichen für eine Depression entwickelten, und es hilft mir noch heute.

Auch jetzt, als Erwachsener, komme ich nicht gut zurecht, wenn ich fern von meiner engsten Familie leben muss. Als ich während des Studiums mit Anfang zwanzig ein Jahr lang in Kew Gardens in London leben musste, war das für mich nichts weniger als eine emotionale Feuerprobe. Plötzlich lebte ich nicht mehr in der vertrauten Umgebung, sondern in einer atemberaubend schnelllebigen Großstadt. Für mich sieht die Welt grau und düster aus, wenn ich den Tag ohne das fröhliche Gackern meiner Hühner beginnen muss. Ich werde nervös, verhalte mich dann selbst wie ein völlig verängstigter Vogel, der bei einer lärmenden Auktion in einem engen Käfig hockt und vor Nervosität fast ausrastet. Aber zu sehen, wie meine Hennen gackernd ihrem Tagesgeschäft nachgehen, ist für mich eine Quelle der Freude und immer neuer Unterhaltung – wie sie in ihrer Hackordnung herumstaksen, ständig schwätzend, mit wunderschön glänzendem Federkleid und leuchtend roten Kämmen.

Hühner bieten Gesellschaft, ohne Aufmerksamkeit einzufordern. Sie behalten ihre natürliche Würde und sind immer anmutig und großzügig. Ich halte meine Hühner auch, weil sie mich jeden Tag ganz bewusst erleben lassen, und gewöhnlich empfinde ich Genugtuung, wenn ich die täglichen Aufgaben für meine Hühner erledigt habe. Sie sorgen dafür, dass ich mich auch als

Mensch besser fühle und verhalte, nicht nur gegenüber meinen Hühnern, sondern auch gegenüber anderen Menschen, die mir etwas bedeuten. Das mag nicht immer funktionieren, aber es ist eine ehrliche Hoffnung.

FAST ALLE RASSEN, die ich mit diesem Buch zu feiern versuche, habe ich auch selbst gehalten. Tut mir leid, dass ich die sehr kurzbeinigen Scots Dumpies (Schottische Krüper) ausgelassen habe. Die Rasse hat einen Namen, den man nicht so schnell vergisst, was sie aber nicht davor bewahrt hat, sehr selten geworden zu sein – ich selbst habe sie bisher nur auf Fotos zu sehen bekommen. Deshalb haben sie es leider, wie so viele andere Züchtungen, nicht in dieses Buch geschafft. Viele der Rassen, die ich hier darstelle, haben etwas mit Menschen und Orten zu tun, die ich liebe oder die mir irgendwann teuer gewesen sind. Als ich mit dem Schreiben anfing, wurde mir schnell klar, dass es nicht nur um Geflügel gehen konnte, denn damit würde ich viel von meiner eigenen Geschichte auslassen, die eng mit Hühnern verflochten ist. Meine Begeisterung für die Hühnerhaltung hat eben auch mit den Persönlichkeiten zu tun, die diese Leidenschaft teilen und die ich in meinem Leben kennenlernen durfte.

Als Debo im Jahr 2004 zur Herzoginwitwe von Devonshire wurde, zog sie aus dem großen Haus in die Old Vicarage in Edensor, ein auf dem Schlossgut liegendes Dorf, etwas mehr als eine Viertelstunde zu Fuß von Chatsworth House entfernt. Auch im Garten der Vicarage hielt sie Hühner, aber in geringerer Zahl, eine Schar von ein paar Dutzend ihrer Lieblingshennen, die auch großzügige Legerinnen waren: kleine, gutmütige Warren und Welsumer, die zwar mitunter recht launisch sein mochten, dies aber durch ihre dunkelbraunen Eier wieder gutmachten.

Journalisten, die sie interviewen wollten, stellten ihr die üblichen Fragen über die verschiedenen Lebensdramen ihrer

Alte Hühner-Postkarte von Chatsworth

Schwestern und Debos Mittagessen mit Hitler. Aber erst, wenn sie ihr Fragen über ihre Leidenschaft für Hühner stellten, leuchtete ihr Gesicht auf.

Weil Debo jetzt weniger Hühner hielt, bekam sie auch weniger Eier, trotzdem brachte sie ihren Eierüberschuss zum Farm Shop in Chatsworth, wo sie in eine schöne, glasierte Porzellanschale gelegt wurden. Auf der Schale war eine brütende Sussex-Henne dargestellt, darunter die Schrift »Eier von der Hühnerschar der Herzoginwitwe«. Sie waren natürlich immer sofort ausverkauft, sobald sie in die Schale gelegt wurden.

Die Eier ihrer Hühner blieben Teil ihres Lebens bis zum Ende. Als Debo 2014 im Alter von 94 Jahren starb, wurde ihr Sarg aus Weidengeflecht nicht nur mit Blumen geschmückt. Vielmehr lag mitten in den Blumen ein kleines Nest aus Weizenhalmen, das ein kleines Gelege umschloss.

Leider glaube ich nicht, dass man heutzutage 300 frei laufende Hühner auf einem belebten Parkplatz dulden würde – man würde sich zu viele Sorgen über ihren Mist machen, der überall herumläge, ganz zu schweigen von den vielen Hunden, die nicht angeleint werden. Debo bekam Briefe von Lehrerinnen und Lehrern, die darüber klagten, dass Debos allzu zutrauliche Hühner an den Schulpicknicks teilnehmen wollten. Bei einer Busreise nach Chatsworth beobachtete Nannar Min Hühner, die ein paar Nonnen hinterherjagten, um an deren Sandwiches zu kommen. Aber Debo ließ das alles an sich abperlen. Als sie von einem Besucher darüber belehrt würde, dass Küchenabfälle nicht an die Hühner verfüttert werden dürften, antwortete sie: »Warum? Ist denn das, was wir essen, nicht gut genug für die Hühner?«

ICH HATTE DAS GLÜCK zu erleben, dass meine beiden Großmütter zu sanften alten Ladys wurden, die mich ein wenig an weiße Seidenhühner erinnerten. Vielleicht werden wir alle im Alter entweder zu sanften, schläfrigen, verschmusten Seidenhühnern oder zu ständig zornig wirkenden habichtartigen Wildvögeln. Grandmar Sheila sitzt heute lächelnd und zufrieden in ihrem großen Lehnstuhl, umwunden von den Blumenschals, die ich ihr bei jeder Gelegenheit schenkte.

Bei Nannar Min lebte ich fast die ganze Zeit, nachdem ich 2018 meinen Job in Emma Bridgewaters Fabrikgarten aufgegeben hatte. Dort hatte ich als Chefgärtner gearbeitet. Zu meinen Aufgaben hatte auch eine Hühnerschar gehört, die zu Schauzwecken gehalten wurde – das war der Grund gewesen, warum ich den Job überhaupt hatte haben wollen. Weil ich während meiner kurzen Zeit in London keine Hühner hatte halten können, wollte ich die verlorene Hühnerhaltungszeit wiedergutmachen. Ich füllte den Garten mit gelbbraunen Cochins, die ich im Linienbus von Chatsworth mitbrachte, und mit Cochin-Zwerghühnern. Die Cochins pickten und scharrten um die Hochbeete herum, die ich mit einjährigen Pflanzen bestückt hatte, sodass sie wie Schmuckkästchen aussahen. Rings um die Hochbeete hatte ich Jutenetze straff auf den Boden gespannt und so sichere kleine Inseln geschaffen, die von den Großhühnern nicht betreten werden konnten.

Der kleine Garten mit den Steinmauern kam mir oft wie ein wahr gewordenes Aquarell von Beatrice Potter vor. Brütige Hennen brüteten nicht nur unzählige Enten aus, sondern auch Küken und führten sie unter ihren schützenden Flügeln stolz durch den Garten, sehr zur Freude der Besucher. Vor allem die kleinen Kinder waren absolut fasziniert, eine Henne mit Entenküken zu sehen. Wenn der Garten im Winter geschlossen blieb, zogen sich die Hühner aus der Kälte in ein großes Gewächshaus zurück, das auf dem Flachdach der Fabrik stand. Es war, als würden sie sich dort eine Kur mit trockenen Staubbädern gönnen. Wenn sie im Frühjahr wieder auszogen, war der Boden im Gewächshaus auf völlig natürliche Weise wunderbar gedüngt und perfekt für die neuen Tomatensetzlinge geeignet.

Als ich spürte, dass die Zeit gekommen war, meinen Abschied vom Garten zu nehmen, zog ich wieder in mein Zuhause in Hucknall zurück. Ich nahm alle meine Hühner mit. Bei Nannar Min zeigten sich Anzeichen einer beginnenden Demenz. Sie hatte zwar eine Tagespflege, aber es machte mich traurig, wenn sie mich sehnsüchtig anschaute; ich wusste, sie wollte nicht allein sein. Sobald ich die Haustür aufschloss, hörte ich sie rufen: »Bist du es, Arthur?«

»Ja, Nannar.«

»Oh, gut, komm her, ich brauche dich!«

Nannars Garten war lange vernachlässigt worden; jetzt erwachte er plötzlich wieder zu neuem Leben, als die Zwerghühner und die großen Cochins einzogen. Ihre jeweiligen Hühnerarchen schmiegten sich an die Garagenmauer, als hätten sie schon immer dort gestanden. Oft aßen wir das Mittagessen im Garten, in unsere warmen Decken gehüllt, und als das nicht mehr möglich war, kamen die Hühner ins Haus spaziert, weil sie wussten, dass es auf dem Küchenboden immer wieder mal etwas zu picken gab. »Picke es klein, bevor du es frisst!«, befahl Nannar manchmal einer Henne, die sich mit einer harten Toastkruste abmühte.

Nannar Min in ihrem Garten, Herbst 2019

WÄHREND DES Corona-Lockdowns im Frühjahr 2020 verschlimmerte sich Mins Demenz sehr schnell. Sie war schon 93 Jahre alt. Ich konnte den Gedanken kaum ertragen, dass sie so viel Zeit allein verbringen musste; fast völlig den erschöpften und ungeduldigen Pflegerinnen ausgeliefert. Ich werde nie vergessen, wie meine kleine Nan in ihrer Küche eine Schale fast kaltes Porridge aus der Mikrowelle zu löffeln versuchte, während ihr die Tagespflegerin schweigend den Rücken zudrehte. Ich war fest entschlossen, dass ich meine Nan niemals in ein Pflegeheim geben würde. In der Woche, in der der Lockdown verhängt wurde, zog ich endgültig in Mins Haus ein.

Eine blaue Cochin, eine silber-porzellanfarbige Sabelpoot und eine Ükkeler Bartzwerg-Millefleur-Henne

Nannar Min hätte auch den ganzen Tag zufrieden in ihrem Bett-Nest im Erdgeschoss im früheren Wohnzimmer verbringen können, aber sie aus dem Bett zu bringen und mit ins Freie zu nehmen, wirkte belebend und gab ihrem Tag eine gute Routine.

Unser Tagesablauf begann immer mit einer Tasse Tee, die ich ihr ans Bett brachte. Dann half ich ihr beim Aufstehen und nach oben unter die Dusche – Pflegedusche unter warmem Wasser, Abtrocknen, Haare föhnen, ein wenig Talkumpuder und anziehen. Nan deutete auf die Kleider, die sie anziehen wollte. Ihr die Socken anzuziehen war fast eine Kunst. Danach wies sie mich an, wie ich ihr ein wenig Make-up aufzutragen hatte – im Laufe der Wochen und Monate wurde ich darin immer besser! Zum Abschluss musste ihr eine ihrer Perlenketten umgelegt werden – damit endete unser tägliches Ritual.

Danach gingen wir wieder nach unten zum Frühstück. Nan sah dann so perfekt aus, dass sie auf eine Abendcocktailparty hätte gehen können, während ich immer noch im Morgenmantel am Tisch saß – es war dann meistens schon nach zehn Uhr morgens. Das war eine Zeit in meinem Leben, in der mir das Kochen tatsächlich Spaß machte – vor allem pochiertes Ei auf Toast jeden Morgen.

LOCKDOWNS SOLLTE MAN eigentlich nicht mögen, aber ich liebte sie. Sie verschafften mir die Gelegenheit, meine Hühner zu halten, ohne mich mit all dem Trubel der modernen Welt abgeben zu müssen. Ich ließ meine Hennen so viele Eier ausbrüten, dass wir am Ende des Lockdowns eine riesige Schar von Junghühnern hatten – so viele, dass Min und ich in dem Verbraucherschutzprogramm *You and Yours* auf BBC Radio 4 von unseren Hühnern erzählen durften.

Für uns beide waren die Hühner eine Quelle der Freude; sie gaben uns auch ein Gefühl der Sicherheit, weil wir immer genug Eier zu essen hatten. Min verkündete strahlend, wie viele Eier die Zwerghühner jeden Tag legten und beschrieb aufgeregt, wie wunderbar groß die Eidotter in den kleinen Eiern seien. Sie freute sich, wenn sie morgens von einer Glucke mit ihren Küken aufgeweckt wurde, die ich leise vom Garten hereingebracht und auf Mins Bettdecke gesetzt hatte – natürlich nicht direkt auf die Bettdecke, sondern auf dem umgedrehten Deckel einer Mülltonne in einem kleinen Nest aus Stroh. Einmal brachte ich Min ein soeben geschlüpftes Gelege von Holländerküken in einer kleinen Schüssel. Die Küken waren kaum größer als Hummelköniginnen. »Ich wusste zuerst gar nicht, was das ist«, sagte sie. »Zuerst dachte ich, es seien Walnüsse. Oh, wie lieb sie sind!«

Mein Großvater Ted war an den Folgen der Demenz gestorben, daher war die Krankheit für mich nichts völlig Neues. Damals hatte ich eine Cochin-Henne und ihre Küken in einem harmlos aussehenden Weidekorb heimlich ins Pflegeheim geschmuggelt und sie ihm und anderen Heimbewohnern gezeigt. Der Anblick der Küken und der gackernden Henne auf dem Teppich holte die dösenden Heimbewohner aus ihrer Teilnahmslosigkeit und zauberte ein kindlich-fröhliches Lächeln auf ihre Gesichter. Bis dann ein Pfleger, dessen Aufmerksamkeit eine gute Stunde lang nur der lärmenden *Jeremy Kyle Show* auf dem riesigen Fernseher gegolten hatte, einen Blick über die Schulter warf, die Hühner entdeckte und mich anbrüllte, sie sofort wegzuschaffen.

Ich denke, dass ich durch die Pflege meiner Hühnerschar ein wenig auf das vorbereitet war, was mich mit Mins Pflege erwartete. Bekannte und Freunde meinten, ich hätte die Vollzeitpflege nicht auf mich nehmen sollen und dass es nicht gut für einen jungen Mann sei, sich um seine Großmutter kümmern zu müssen. Aber wer soll es sonst machen?, antwortete ich dann immer. Die moderne Lebensweise unserer Gesellschaft hat uns nicht nur von unserer eigenen Nahrungsbeschaffung entfremdet, sondern auch zu einer bizarren »Hände-weg«-Einstellung im Blick auf die Pflege unserer Alten und Schwachen geführt. Wie die riesigen Fabrikfarmen, die es im ganzen Land gibt, liegen auch die Pflegeheime meistens irgendwo am Rand unserer Städte und Gemeinden, aus den Augen und aus dem Sinn, vergessene Einrichtungen – bis zu dem Moment, an dem wir unsere eigenen Angehörigen dorthin zur Pflege geben müssen.

Min starb im Februar 2021, in dem Haus, in dem sie einst stolze Hausfrau, Mutter und Gärtnerin gewesen war und in dem sie meinen Dad und seine Schwestern großgezogen hatte. Das fehlt mir heute am meisten: unser fröhliches Beisammensein und unsere Freude mit den Hühnern.

NACH MINS TOD besaß ich nun plötzlich zwei Scharen von Hühnern. Eine meiner kleinen Scharen besteht aus eleganten, würdevollen Cream Legbars und sanften, etwas schwerfälligen Marans. Leider ist kein Hahn dabei – in einer Hennengruppe wird immer über die Hackordnung gestritten und wer die Leithenne sein soll, wenn kein Hahn als Anführer für Ordnung sorgt. Und weil ein testosteron-geladener Junghahn fehlt, kauern sich die Hennen manchmal verführerisch vor meine Füße!

Hühnerbalz und Paarung: Junghahn Lyndon und Henne Claudia

Die Spannungen lösen sich, wenn ein Hahn mit lautstarkem Gackern seine Favoritinnen beglückt. Er trampelt dabei recht grob auf dem Rücken der Henne herum, zupft ein paar leidenschaftliche Sekunden lang mit dem Schnabel an ihren Kopffedern, bis ein Zittern durch seinen Körper läuft. Dann steigt er gleichgültig von ihr herab, während die Henne ihre Federn schüttelt, als posierte sie für eine Shampoo-Reklame. Das war's dann mit dem Hühnersex – übrigens ein Thema, zu dem ich oft befragt werde. Der ganze Akt dauert gerade mal ein paar Sekunden.

Diese Schar lebt in einem traumhaften Dorf in den Cotswolds, ganz hinten im Garten eines Freundes. Mein Partner James hilft mit den Hühnern, die er mit kindlicher Neugier genau beobachtet und ihr Verhalten kommentiert. Es ist schön zu sehen, wie aufmerksam er die Hennen beobachtet, wie ich selbst es schon lange nicht mehr getan habe.

Wenn die Hühner morgens aus dem Stall gelassen werden, machen sie sich sofort daran, den benachbarten Friedhof zu erkunden. Vermutlich ist es eine der kleinsten Kirchen im Land, mit entsprechend winziger Gemeinde, aber sicherlich sehen auch viele Menschen im Vorbeifahren die Hennen um die Grabsteine herum picken. An den Wochenenden stelle ich die Zeitschaltuhr des Hühnerstalls so ein, dass die Hühnerklappe ein wenig später geöffnet wird, damit die Hühner erst nach dem Sonntagsgottesdienst ins Freie kommen. Die Leute reagieren manchmal ein wenig seltsam auf freilaufendes Vieh. Ich hasse es, dass der Friedhof regelmäßig gemäht wird. Noch vor gar nicht so langer Zeit hatten Schafe das Gras kurzgehalten, aber jetzt hört man im Sommer nur noch Rasenmäher und Trimmer.

Der Zaun um den Hühnerhof ist nicht geeignet, einen Fuchs abzuwehren. Es wäre zu teuer, eine so große Fläche fuchssicher einzuzäunen, weshalb ich mich jeden Tag aufs Neue sorge. Ich könnte sie permanent in den Stall einsperren, aber was für ein Leben wäre das für sie? Trotz des Risikos beschloss ich, ihnen die

Freiheit zu lassen, damit sie herumlaufen, frisches Gras schmecken und ihr Futter selbst suchen können – und hoffentlich auf einen sicheren Ast fliegen können, sollte eine Gefahr auftreten. Aber würden die Füchse zu einer ernsthaften Bedrohung, müssten die Hühner natürlich eingesperrt werden.

Die Hühner kamen als acht Wochen alte Küken an, bis dahin von meiner guten Hühnerfreundin Jac und ihrem Dad Terry gezogen. Nach ein paar Monaten fingen sie richtig mit dem Legen an. Leere Eierkartons waren nun plötzlich Mangelware; ich bestellte nun auch Kartons für vier Eier. Es ist wunderbar, Eier an Freunde zu verschenken, aber man wird schnell feststellen, dass keine Eier mehr übrig sind, wenn man sie in Sechser-Kartons verschenkt! Bei zehn Hühnern kann man im Durchschnitt täglich mit sieben Eiern rechnen, da die Hennen gewöhnlich einen Tag Legepause machen.

Ich kann mich nicht entscheiden, welche Eier mir besser gefallen: die schokobraunen Eier der Marans oder die blauen der Legbar. Wenn ich mir die Eier anschaue, wird mir klar, dass ich auch ein paar weiße Eier brauche, und vielleicht auch ein paar hellbraune. Und schon kommt mir die Idee, der Schar auch ein paar gold-weißgesäumte Wyandotten und gold-schwarzgetupfte Appenzeller hinzuzufügen, aber das würde ein weiteres Hühnerhaus erforderlich machen, denn es ist wichtig, dass der Stall nicht überbevölkert wird. Ich ziehe eine gemischte Schar anstelle nur einer einzigen Rasse vor – die Schar ist dann lebhafter und interessanter anzuschauen. Ein praktischer Hinweis: Die schweren Vögel, beispielsweise die Marans, fressen weit mehr als die leichteren Rassen, und meine Legbar-Hennen sind weniger gierig, legen aber mehr Eier.

Eines Tages werde ich mich vielleicht so weit durch das Dickicht von Gesetzen und Vorschriften gekämpft haben, das den Verkauf von Eiern umgibt, dass ich irgendwo einen eigenen kleinen Laden eröffnen kann – einen echten Eier-Shop. Wird wahrscheinlich nicht passieren – aber es könnte funktionieren! Natürlich müsste ich eine Menge Eier verkaufen, um die ganzen Kosten wieder hereinzuholen.

Stellen Sie sich nur mal die Futterkosten vor, wenn die ursprüngliche Schar altert und viele jüngere Legehennen nachgezogen werden müssen. Gut ernährte Hühner können leicht ein Alter von sechs Jahren erreichen, und bei Zwerghühnern ist das doppelte Alter keine Seltenheit.

Ich würde die Eierkartons mit aussagekräftigen Aufschriften bedrucken lassen, die zeigen, wie die Hühner leben und dass sie sich wohlfühlen, und vielleicht würde ich auch eine Webcam installieren, die einen Live Feed vom Hühnerhof überträgt, wie es das Nobelkaufhaus *Harrods* in London macht.

Eine Frage bleibt außerdem: Sollte man die Eier in Kartons verkaufen oder sollten sie in einem großen, mit Stroh ausgepolsterten Korb angeboten werden, sodass die Kunden ihre Eier selbst aussuchen können? Aber dann würden die schokobraunen Eier vermutlich viel schneller weggehen als die anderen, und was ist, wenn Eier zerbrochen werden? Dann doch schon besser in einem Karton verkaufen, vielleicht ein Sechsersortiment mit Eiern in verschiedenen Farben von unterschiedlichen Hühnerrassen, von allem etwas.

Wir könnten auch Postkarten von den Hühnern drucken lassen, wie Debo es damals tat. An Weihnachten könnte ich Christbaumkugeln anbieten, mit den schönsten Mauserfedern auflackiert. Mitten im Laden könnte ein großer, antiker Käfig aus Frankreich stehen, in den ich jeden Tag ein schönes Paar von zitron-schwarzgesäumten Sebrights setzen würde, die von den Kunden bewundert würden, in der Osterwoche ersetzt durch eine brütende Henne und ihre neu geschlüpften Küken.

Ich würde eine große Bauernkommode oder Anrichte aufstellen, auf der antike Eierbecher und Huhn-Hahn-Geschirr zur Schau gestellt werden. Man stelle sich vor, wie begeistert ein ökologisch bewusster Inspektor vom Landwirtschaftsamt wäre! All das würde dem Geist der Herzoginwitwe Debo entsprechen. Und ganz bestimmt würde sie von einem großen, gerahmten Foto an der Wand wohlwollend herabblicken!

MEINE ZWEITE SCHAR, die kleinen Zwerghühner, lebt immer noch in Nannar Mins Haus in Nottingham. Und dort bleibt sie auch, weil Dad mit seiner Partnerin Caroline in Mins Haus eingezogen ist. Er sagt, die Hühner störten ihn nicht, und ich habe mich bisher nicht dazu überwinden können, die Schar umzusiedeln. Sie sind so etwas wie eine Zeitkapsel, in der die Erinnerungen an die langen, sonnigen Tage in Mins Garten aufbewahrt werden. Die Hennen kommen immer noch zu mir gerannt, wenn ich pfeife – die ganze Schar kommt dann voller Aufregung den Gartenweg entlang. Wie früher haben sie freien Auslauf im ganzen Garten, allerdings entkamen neulich zwei Labradors aus dem Nachbargarten, die den Hühnern einen gewaltigen Schrecken einjagten. Der Hühnerstall steht jetzt neben dem alten Apfelbaum und sieht schon recht gut eingenistet aus. Kürzlich erhielt ich zwei Seidenhühner geschenkt, aber weil sie sich weigern, die Leiter zum Hühnerstall hinaufzusteigen, um zur Schlafstange zu kommen, mussten wir ihnen ein separates Häuschen hinstellen. Glücklicherweise mag Caroline die Hennen und hilft bei der Hühnerarbeit mit.

Die Nachfolge in Nannars Haus und Garten läuft genauso ab, wie es sich Nannar gewünscht hätte, da bin ich sicher. Ihr Sohn Nick, mein Dad, war in der Lage, das Haus zu kaufen. In Chatsworth zog Debo als Witwe in die Old Vicarage auf dem Parkgelände um, während ihr Sohn Stoker mit seiner Frau Amanda als neues Herzogspaar von Devonshire ins Schloss einzog. Die Fassade des großen Hauses war die erste größere Veränderung, die sofort ins Auge fiel: Die Steinmauern wurden sandgestrahlt und die Fensterrahmen mit Blattgold verziert. Das Erste, was Dad tat war, das Giebelfachwerk an Nannars Haus zu reparieren, morsche und verrottete Stellen auszubessern und die teilweise locker gewordenen Dachrinnen zu befestigen. Die

Fachwerkbalken sind jetzt nicht mehr schwarz, sondern leuchtend dottergelb – eine *Farrow & Ball*-Farbe namens »Babouche«. Ich war davon zunächst nicht so recht überzeugt, aber nachdem das Haus neu gestrichen war, pflanzten Dad und Caroline Apfelbäume im Vorgarten, und der einst makellose Rasen wurde in eine blühende Wildblumenwiese verwandelt. Die weißen Margeriten sehen vor dem fröhlichen Gelb des Hauses absolut fantastisch aus.

Grandmar Sheila mit Seidenhuhn-»Pantoffeln«

Grandmar Sheila und Mum wohnen nahe beieinander in Hucknall. In der kleinen Küche meiner Mutter befindet sich ein schmales Regal mit Keramik-Hennen mit Nestern, die ich im Laufe der Jahre gesammelt habe. Irgendwie glaube ich, dass sie immer da sein werden! Alle 14 Tage – oder schon früher, wenn ich sie nicht besuchen konnte – schicke ich Mum und Sheila Eier. Meine Mum macht eine unglaubliche Quiche, weil ihre flinken Finger den feinsten, dünnsten Blätterteig herstellen können. Die Eier muss sie sehr sorgfältig aufbrechen, weil sie gegen rohe Eier allergisch ist. Jedes Ei, das ich ihr schicke, wickle ich in Papier ein und setze es in einen mit altem Karton, Stroh und Luftpolsterfolie ausgekleideten Behälter. Grandmar Sheila hänselte die Paketzustellerin, als sie das Paket auslieferte: »Ich hoffe, Sie haben das Paket nicht fallen gelassen!«

»Warum, was ist denn drin?«, fragte die Frau besorgt. »Rohe Eier«, antwortete Sheila kichernd, die mit ihrem wirren weißen Haarschopf fast selbst wie ein Seidenhuhn aussieht. Zum Glück ist bisher noch kein Ei beim Versand zerbrochen worden.

Sheilas größte Freude ist ihr Garten, der ihren kleinen Bungalow praktisch in den Schatten stellt. So oft ich kann, besuche ich sie und bringe ein paar Zwerghühner in einem von Dads großen Picknickkörben mit. Manche der Hühner benehmen sich bei diesen Ausflügen besser als die übrigen – zuerst rennen sie alle ein wenig verwirrt im Garten herum, doch dann machen sie sich mit Elan daran, die Blumenrabatte genauestens nach Schnecken und Würmern zu durchsuchen, während wir Fish & Chips essen oder Tee trinken und Battenberg-Kuchen essen. Mit ein paar Kuchenkrümeln lassen sich die Hühner wieder in den Korb locken, wenn es Zeit ist, sich zu verabschieden.

RUHE UND ZUFRIEDENHEIT – das ist es, was man empfindet, wenn man sich intensiv um Hühner kümmert. In meinem Leben wirkten sie immer wie ein erfrischendes, stärkendes Tonikum. Es ist ein großes Glück, das mir schon früh im Leben zuteilwurde. Noch heute will und muss ich Hühner halten – meine Mädchen –, denn das ist es, was ich schon immer tun wollte. Es gefällt mir, dass die Hennen einerseits von uns abhängig, andererseits aber auch völlig unabhängig sind. Und natürlich liebe ich auch ihr Gackern und ihr wunderbares Plappern und sanftes Schnurren, wenn sie picken und scharren.

Erwachsen werden ist schwer. Es gefällt mir nicht, »Chicken Man« genannt zu werden, aber es stimmt, denn das bin ich inzwischen geworden. Je älter ich werde, desto mehr werde ich

Claudia beim Ausbrüten der nächsten Generation

davon abhängig sein, mich um meine Girls zu kümmern – ich flüchte mich zu ihnen, und sie werden immer mehr zu meinem Leben. Vielleicht werde ich irgendwann einfach in das duftende frisch gehackte Stroh neben ihren Nistplätzen sinken und dortbleiben, zufrieden und still, mitten unter meinen glücklichen, lieben Hühnern. Dann werde ich immer eine schöne Hühnerschar um mich haben.

EINE KLEINE HÜHNERPARADE

DAS WORT »HUHN« zaubert nicht unbedingt die Vorstellung von Schönheit hervor, aber auf den folgenden Seiten wollen wir eine kleine Parade von seltenen und reinrassigen Züchtungen an uns vorüberziehen lassen. Man muss eine Menge Fotos aufnehmen, um ein Huhn gut zu porträtieren. Ich war nicht darauf vorbereitet, wie verstört die Hühner auf eine Kamera reagieren würden. Ich musste mich in irgendeiner Ecke zusammenkauern, bis sich die Hennen wieder beruhigt hatten. Doch dann siegte ihre Neugier, und sie entspannten sich, sodass ich den Versuch fortsetzen konnte, Fotos für mein ganz eigenes Hühner-Modemagazin – nennen wir es *Chicken Vogue* – aufzunehmen. Freundliche Hühnerhalter, die ich besuchte, hielten ihre schönen Vögel still, damit ich sie fotografieren konnte. Meine eigenen Hennen allerdings waren die besten Models – schließlich waren sie schon, seit sie geschlüpft waren, an meine Kamera gewöhnt.

In der Reihenfolge ihres »Auftritts«: Appenzeller Spitzhauben-Henne (links); Zwerg-Plymouth Rock-Henne (links), Gefieder des silberfarbig gebänderten Wyandotte-Zwerghuhns (rechts, Bildmitte); Sizilianische Becherkamm-Henne (links), Gefieder-Detail (rechts); gelbbraune Cochin-Strupphuhn-Zwerghenne (links), Chamois-Haubenstrupphuhn-Hahn (rechts); Andalusier-Henne Gefieder-Detail (links), Henne (rechts); gelb-schwarzgesäumte Wyandotte-Henne (links), Gefieder-Detail (rechts); gelbbraunes Orpington-Huhn, Gefieder-Detail (links), Henne (rechts); Gefieder des rebhuhnfarbig-gebänderten Brahma-Hahns, (links), Trio von Cochin-Zwerghühnern (rechts); lavendelfarbiges Cochin-Gefieder (links), zwei lavendelfarfarbige Cochin-Zwerghühner (rechts).

AUFGABEN BEI DER HÜHNERHALTUNG

- Geflügeltränke säubern und auffüllen. Die Trinkrinne und der Wasserbehälter müssen jede Woche mit einer Bürste und heißem Seifenwasser gereinigt werden, um Verschmutzung und Algenbelag zu beseitigen. Füllen Sie den Wasserbehälter jeden Tag mit frischem Wasser.

- Der Futterautomat sollte regelmäßig überprüft und aufgefüllt werden. Reinigen Sie ihn mit Bürste und Seifenwasser, sobald sich im Innern und in der Futterrinne ein pudriger Belag absetzt.

- Beseitigen Sie, wenn möglich, täglich den Hühnermist unter den Schlafstangen. Zumindest wöchentlich sollten Sie den gesamten Stallboden säubern und die Einstreu wechseln. Besprühen Sie alle Oberflächen und Winkel des Stalls mit Desinfektionsmittel und Anti-Milben-Puder, bevor Sie die neue Einstreu einbringen.

- Säubern Sie die Nistkästen und erneuern Sie das Nistmaterial, um einem Milbenbefall vorzubeugen. Im Sommer sollten Sie das täglich tun, weil die Milben dann besonders hartnäckig auftreten; im Winter genügt es alle zwei Wochen.

- Inspizieren Sie die Unterseite der Schlafstangen jede Woche genau mit Hilfe einer guten Lampe. Suchen Sie nach Anzeichen von Rotmilbenbefall, vor allem in den Sommernächten, wenn die Milben besonders aktiv sind – aber prüfen Sie die Stange das ganze Jahr über, weil die Milben auch in milden Wintern präsent bleiben. Als Vorsichtsmaßnahme sollten Sie die Stange jede Woche einmal tagsüber aus dem Stall ins Freie holen und mit Vorbeugungsmitteln besprühen oder einpudern. Mit dem regelmäßigen Reinigen der Stange können Sie verhindern, dass sich Milben dauerhaft im Stall einnisten.

- Sind die Hühner in einem mobilen Stall untergebracht, sollte der Stall jede Woche an eine andere Stelle verschoben werden. Ist dafür nicht genug Platz vorhanden, sollten in Stall und Auslauf zumindest frische Holzhackschnitzel, gehacktes Stroh und Laub ausgebracht werden.

- Fügen Sie an den Staubbadeplätzen ofengetrockneten Sand oder frische, trockene, feine Gartenerde hinzu, vermischt mit Anti-Milben-Puder.

- Mischen Sie frisches Geflügelgrit in das Futter, wobei Sie auf ein konstantes Verhältnis von Muschelgrit zu Magenkieseln achten sollten.

Mein Hühnerhaus vom Domestic Fowl Trust: biosicher und gegen Schädlinge geschützt

- Sorgen Sie dafür, dass genügend anregende Beschäftigungsmöglichkeiten für die Hühner vorhanden sind. Hängen Sie Bündel von Gartenpflanzen und Samenköpfen von Gräsern auf, legen Sie Alfalfa-Blocks im Stall oder im Auslauf an trockener Stelle aus; die Hühner picken gerne daran. Auch im Auslauf oder Garten können Sie Hühnersitzstangen anbringen.

PLATZANFORDERUNGEN

Im Idealfall sollten mindestens acht oder noch besser zehn Quadratmeter pro Großhuhn als permanenter Auslauf und ungefähr fünf Quadratmeter pro Zwerghuhn zur Verfügung stehen. So kann das Gras nachwachsen; auch können so Aggressionen und Streitigkeiten in der Hackordnung vermieden werden. Diese Bedingungen sind besonders dann wichtig, wenn den Hühnern kein Freilauf außerhalb des festen Geheges möglich ist.

Innerhalb des Hühnerhauses sollte jeder brütenden Großhenne ein mindestens 30 x 30 Zentimeter großer Platz zustehen, damit sie sich auf dem Boden gut bewegen kann; idealerweise sollte auch Zwerghühnern so viel Platz ermöglicht werden.

Auf den Sitz- oder Schlafstangen sollte pro Huhn 25 Zentimeter zur Verfügung stehen, auch wenn sie beim Schlafen näher zusammenrücken. Die Stangen sollten 5 x 5 Zentimeter starke Kanthölzer sein, wobei die oberen Kanten angeschrägt werden sollten, damit die Füße bequemer Halt finden. Befestigen Sie alle Stangen in derselben Höhe, um Kämpfe um höhere Schlafpositionen zu vermeiden.

Nistkästen sollten 30 x 30 Zentimeter groß sein; im besten Fall sollte ein Kasten für jeweils drei Hennen zur Verfügung stehen. Sie sollten tiefer als die Schlafstangen aufgestellt werden, damit die Vögel sie nicht als Schlafplätze missbrauchen und mit ihrem Kot verschmutzen. Ich ziehe verbundene Nistkästen ohne Trennwände vor, damit sich die Hennen nicht vor bestimmten Kästen drängeln oder um den Platz streiten. Tatsächlich werden sie manche Kästen aus unbekannten Gründen bevorzugen. Betten Sie die Kästen mit einer dicken Schicht Stroh aus. In den Kästen sollte es recht dunkel sein, damit sie bequem und sicher wirken; so lässt sich auch das lästige Eierfressen besser verhindern.

LEGELEISTUNG UND EIERFARBE

In dieser Liste sind die Eierfarben und durchschnittlichen Legeleistungen einer Anzahl von Großhuhnrassen in der jeweiligen ersten vollen Legesaison (das Jahr vor der ersten Mauser) aufgeführt. Die Angaben beziehen sich auf Hühner, die nicht zu Schauzwecken gezüchtet wurden. Denken Sie immer daran: Hühner mit dem feinsten Gefieder und Hühner, die von Schauhühnern abstammen, sind nicht immer die besten Legehennen. Zum Vergleich werden in der Liste auch Hybride aufgeführt. Auch sollten Sie bedenken, dass Hennen mit zunehmendem Alter weniger Eier legen, dafür sind ihre Eier meistens größer.

RASSE	EIER PRO JAHR	FARBE
Araucana	180	grünlich-blau
Appenzeller Spitzhaube	130	weiß
Andalusier	165	weiß
Barnevelder	180	braun
Burford Brown	240	braun/dunkelbraun
Black Oakworth	230	braun/dunkelbraun
Black Rock	260	hellbraun
Brahma	120	getönt
Cream u. Cotswold Legbar	240	blaugrün
Cochin	100	getönt
Dorking	190	weiß
Derbyshire Redcap	200	getönt
Faverolles	180	getönt
Friesenhuhn	200	weiß
Hamburger	200	weiß

RASSE	EIER PRO JAHR	FARBE
Groninger Möwe	200	weiß
Leghorn	240	weiß
Marans	190	braun/gefleckt/ dunkel
Altenglisches Fasanenhuhn	190	weiß
Orpington	150	getönt
Penedesenca	180	braun/dunkelbraun
Plymouth Rock	180	getönt
Holländer Haubenhuhn	180	weiß
Rhodeländer	240	hellbraun
Sizilianischer Becherkamm	150	weiß
Seidenhuhn	100	getönt
Sussex	220	getönt
Schwedisches Blumenhuhn	190	getönt
Welsumer	180	braun/dunkelbraun
Wyandotte	180	getönt
Hybride: z. B. Lohmann Brown, Gingernut Ranger, Calder Ranger, Warren/ISA Brown	300	hellbraun

Echte Zwerghühner (auch Urzwerge genannt) wurden nie für ihre Legeleistung gezüchtet, sondern für ihr Aussehen. Zwerghühner legen im Allgemeinen zwischen 40 und 100 Eier pro Legesaison oder noch weniger, wenn sie aus einer Schau-Zuchtlinie stammen. Die Zwergvarianten der Großhühner jedoch zeigen oft eine recht gute Legeleistung.

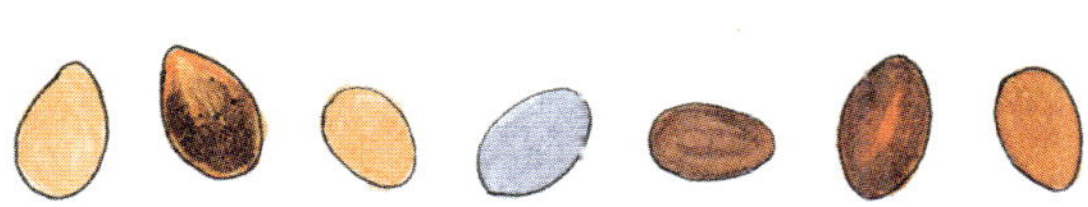

GLOSSAR DER HÜHNERHALTUNG

HAHN (AUCH: GOCKEL)
Männliches Huhn nach der ersten Mauser, die gewöhnlich nach einem Jahr stattfindet

HENNE
Weibliches Huhn nach der ersten Mauser, die gewöhnlich nach einem Jahr stattfindet

HÜHNERPAAR
Hahn und Henne

JUNGHAHN
Männliches Huhn der aktuellen Schlüpfperiode bis zum Alter von einem Jahr

JUNGHENNE
Küken im Alter von 10/12 bis 18/20 Wochen; der Begriff wird auch für Tiere im ersten Lebensjahr verwendet

KÜKEN
Ein Tag bis neun Wochen alt

LEGEREIFE
Hennen im Alter von 18/20 bis 25 Wochen

TRIO
Ein Hahn und zwei Hennen

LESEEMPFEHLUNGEN

All in One Basket: Nest Eggs, Deborah Devonshire. John Murray, 2012.

Das große Buch der Hühnerhaltung im eigenen Garten, Axel Gutjahr und Hendrik Krahnenberg. Naumann & Göbel Verlagsgesellschaft, 2020.

Hühner halten für Anfänger: Das große Praxisbuch zur artgerechten Hühnerhaltung im Garten, Dr. Benedikt Sauer. Eulogia Verlags, 2024.

How to speak chicken: Warum Ihre Hühner tun, was sie tun, und sagen, was sie sagen, Melissa Caughey. Haupt, 2018.

Lexikon der Hühner, Hans J. Schille. Komet, 2005.

Lavendelfarbige Cochin-Struppuhn-Zwerghenne

Roter Ükkeler Bartzwerg-Millefleur-Hahn

MEINE TRAUM-HÜHNERSCHAR

Diese bunte Hühnerschar würde ich irgendwann gerne halten. Sie sieht aus wie ein wunderschöner persischer Teppich – alle Hühner sind unterschiedlich groß, haben ganz verschiedene Farbschläge und jeweils ihre eigenen, ausgeprägten Persönlichkeiten.

Groninger Möwe-Henne

Blau-gesperberte Rot-Wyandotte-Henne

Rebhuhnfarbige Englische Araucana-Henne

Schwedisches Blumenhuhn

Gesprenkelte Hamburger-Henne

Welsumer-Henne

Gelb-schwarzgesäumte Orpington-Zwerghenne

Braun-porzellanfarbige Orpington-Henne

Gelb-schwarzgesäumte Wyandotte-Henne

Rote Ükkeler Bartzwerg-Millefleur-Henne

Blaue Cochin-Zwerghenne

Lemon-Millefleur-Sabelpoot-Zwerghenne

Gelbe Seidenhuhn-Henne

Gesprenkelte Hamburger-Henne

Weizenfarbige Marans-Henne

Gold-schwarzgetupfte Appenzeller Spitzhauben-Henne

Gesprenkelte Sussex-Henne

Schwarz-Kupfer-Marans-Henne

Cotswold-Legbar-Henne

Gelbbraune Orpington-Henne

Rebhuhnfarbige Cochin-Henne

Gelbbraune Cochin-Henne

REGISTER

DANK

Wenn Hattie Ellis nicht gewesen wäre, würde dieses Buch immer noch eine wirre Mischung aus Stroh und Spreu sein. Aber geduldig, sorgfältig und klug hat Hattie aus dem Chaos ein Kapitel nach dem anderen geformt und ihm ein schönes, gutes Gefieder verschafft. Hatties eigenes Buch, *Planet Chicken*, sollten alle lesen, die sich für Hühner interessieren.

Danke, Richard Atkinson vom Penguin-Verlag, dass Sie dieses Buch – und mich als Autor – aufgenommen haben. Wir haben uns bei einem Mittagessen kennengelernt – ausgerechnet in einem Restaurant, das sich auf Hühnergerichte spezialisierte. Es hätte eine Katastrophe werden können, hätte es die himmlischen Pommes frites nicht gegeben! Ich bin dem gesamten Team bei Penguin unendlich dankbar, vor allem Olga Kominek, die das unglaubliche Cover entwarf, das ursprünglich nur ein Schwarz-Weiß-Selfie mit einer Hamburger Henne gewesen war, die sie aber in einen wunderschönen Phönix verwandelte! Mein Dank gilt außerdem Amandeep Singh, Sam Fulton, Millie Andrew, Ruth Pietroni, Katie Banyard, Ingrid Matts, Liz Parsons, Kate Smith und Pen Vogler.

Ich bin froh, Gordon Wise zum Agenten zu haben – bisher jedenfalls hat er sich gegen meine Einfälle bezüglich meines gefiederten Themas und meine bekloppten E-Mails nicht gesträubt. Danke, Gordon.

Völlig unvorbereitet war ich darauf, wie viel Zeit es kosten würde, Hühner, die nicht daran gewöhnt waren, fotografiert zu werden, zum Stillhalten vor der Kamera zu bewegen. Sabina Richardson gab mir mehrere Male die Erlaubnis, frei unter ihrer Schar wunderschöner Rassehühner herumzulaufen, um Hühnerporträts aufzunehmen.

Großen Dank schulde ich auch Alister Jones und seinem Team vom Domestic Fowl Trust. Nicht jeder Halter hätte einem Fremden freien Zugang zu seinen Hühnerhöfen erlaubt. Ebenso danke ich der wundervollen Tom's Farm in der Nightingale Community Academy, die von Joshua Farrell geleitet wird.

Mein herzlicher Dank gilt auch Ihren Gnaden Stoker und Amanda Devonshire, die meinem Anliegen sehr verständnisvoll und wohlwollend begegneten. Und ebenfalls auf Schloss Chatsworth gilt mein Dank Helen Marchant, Rebecca Fallow und Rachel Kearsey, die mir so großzügig weiterhalfen.

Die Farm von Chatsworth House ist und bleibt der wunderbarste Ort, um eine große Schar seltener Rassen sehen und mehr über sie erfahren zu können.

Den genialen Fotografen Jonathan Buckley und Andrew Montgomery danke ich für die Fotos, die sie von mir und den Hühnern aufnahmen – wofür sie sehr viel Geduld brauchten!

Sehr großer Dank gilt Mr. P. Allen Smith für die Unterstützung von der anderen Seite des Großen Teichs, und für die wertvolle Arbeit der Heritage Poultry Conservancy. Und danke, Chipps, für die Persischen Teppiche! Dame Joanna Lumley und der Organisation Compassion in World Farming danke ich, dass sie den landwirtschaftlichen Nutztieren weltweit eine dringend benötigte Stimme geben.

Mein besonderer Dank gilt meiner Grandmar Sheila, Marj, Tom und Tante Ros, meinem Bruder Lyndon und unserer Mum Jill. Dad und Caroline danke ich, dass sie Nannar Mins Garten in ein Paradies für Bienen, Schmetterlinge und Zwerghühner verwandelt haben.

Freundschaft und viel gemeinsames Lachen verdanke ich Sarah, Adam, Juliet, Caroline, Zoe, Amanda, Pauline sowie Bee, Jeff, Oliver, Darcy, Kate und James, Charlotte und Jimmy. Ich liebe euch alle. John James Mackie danke ich, dass er aus meinem Zuhause einen so wunderbaren Ort voller Liebe gemacht hat, während ich dieses Buch schrieb und illustrierte.

Und mein Dank gilt auch jedem Lehrer und jeder Lehrerin, die sich bemühen, das Wissen über Hühner in das Leben der Kinder und älteren Menschen zu bringen.

Originalausgabe:

First published as *CHICKEN BOY: MY LIFE WITH HENS* in 2023
by Particular Books, an imprint of Penguin Press.
Penguin Press is part of the Penguin Random House group of companies.

Deutsche Erstausgabe
1. Auflage 2026

Holzstraße 26, 80469 München
sekretariat@knesebeck-verlag.de
Ein Unternehmen der Média-Participations

Bildnachweise:
S. 23 u. 221 © The Mitford Archive at Chatsworth
S. 87, 201 u. 255 © Jonathan Buckley
S. 175 © Andrew Montgomery

Projektleitung: Maren Harperscheidt, Knesebeck Verlag
Übersetzung: Dr. Karlheinz Dürr, Kirchentellinsfurt
Lektorat: Michelle Stöger, München
Korrektorat: Claudia Willeke, Hamm
Umschlagadaption: Fabian Arnet, Knesebeck Verlag
Satz: Arnold & Domnick, Leipzig
Herstellung: Arnold & Domnick, Leipzig
Druck: Livonia Print, Riga
Printed in Latvia

ISBN 978-3-98962-074-2

Elektronisch ist folgende Ausgabe erhältlich:
eBook (epub): ISBN 978-398962-124-4

www.knesebeck-verlag.de

FSC
www.fsc.org
MIX
Papier | Fördert gute Waldnutzung
FSC® C002795